威力无比的

新型武器

张哲◎编

时代出版传媒股份有限公司
安徽科学技术出版社

图书在版编目（CIP）数据

威力无比的新型武器/张哲编. —合肥：安徽科学技术
出版社，2012.11
（最令学生着迷的百科全景）
ISBN 978-7-5337-5524-9

Ⅰ. ①威… Ⅱ. ①张… Ⅲ. ①武器－青年读物②武器
－少年读物 Ⅳ. ①E92-49

中国版本图书馆 CIP 数据核字（2012）第 050294 号

威力无比的新型武器　　　　　　　　　　　　　　　　　　　张哲　编

出 版 人：黄和平　　　　责任编辑：张 硕　　　　封面设计：李　婷
出版发行：时代出版传媒股份有限公司　http://www.press-mart.com
　　　　　安徽科学技术出版社　　　　http://www.ahstp.net
　　　　　（合肥市政务文化新区翡翠路 1118 号出版传媒广场,邮编:230071）
印　　　制：合肥杏花印务股份有限公司

开本：720×1000　1/16　　　印张：10　　　字数：200 千
版次：2012 年 11 月第 1 版　　印次：2023 年 1 月第 2 次印刷

ISBN 978-7-5337-5524-9　　　　　　　　　　　　定价：45.00 元

前言

战争可以影响一个国家的兴亡，取得最后胜利是每个参战国家的最大目标。而集人类智慧于一体的武器则是战争舞台上的主角，它们无论是进攻还是防御，都尽情展示着自己巨大的威力，令世人震撼。

进入 20 世纪，随着科学技术的飞速发展，先进雷达设备、通信设备、制导设备的大量应运，使各种武器成为战场上的"千里眼""顺风耳"及"多面手"。因此，有人说 20 世纪就是武器技术大革命的一个世纪。

武器在和平年代里似乎失去了昔日的辉煌，但却给人类带来了更多的神秘感。精致的手枪、笨重的坦克、威猛的火炮、灵活的军用飞机、多功能的舰艇，等等，都是我们渴望了解的。

本书荟萃了多种知名武器，分别介绍了它们的独特性能及制造、使用中发生的有趣故事。简洁生动的文字配以精美、翔实的图片，将带领小读者进入一个五彩缤纷的武器世界。

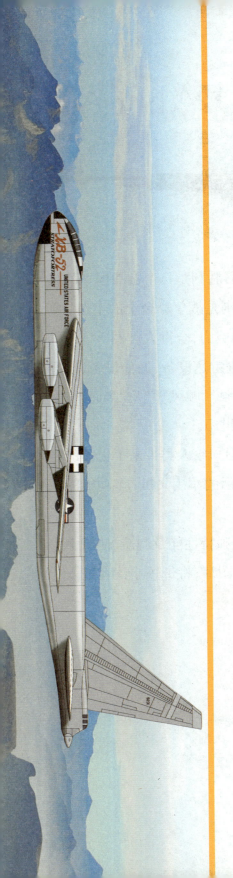

CONTENTS

目录

CONTENTS

威力无比的

新型武器

CONTENTS

军用飞机

威力无比的 新型武器

CONTENTS

威力无比的

新型武器

手　枪

手枪是我们最常见的武器，它是一种尺寸小、重量轻、便于携带或藏匿的小型枪械。手枪自诞生以来，生产数量、款式和品种都是所有枪械中最多的。现代手枪主要有左轮手枪、自动手枪、全自动手枪三种类型。

沙场老将——早期手枪

> 枪 最早诞生时并没有步枪与手枪之分,形象地说,手枪一开始只是一种缩小了的步枪,经过约500年的漫长发展和演变,才有了我们今天所说的手枪。

🐗 火门枪

火门枪出现在14世纪初期,它的枪筒采用铜质或铁质,发射前先塞入火药,再塞入金属弹丸,使用者一手托着枪,一手拿着碳条,由枪筒上的小孔点燃火药,激发弹丸。火门枪已具备现代枪支的基本原理,堪称枪支鼻祖。

手铳属于火门枪的一种,金属制的手铳最早诞生在元朝

🐗 手铳

在我国明朝时期,出现了一种小型的铜质火铳——手铳,它的口径一般为25毫米左右,长约300毫米。手铳其实就是火铳的缩小版,可以看作是手枪的一个起源。

法国14世纪所使用的火门枪

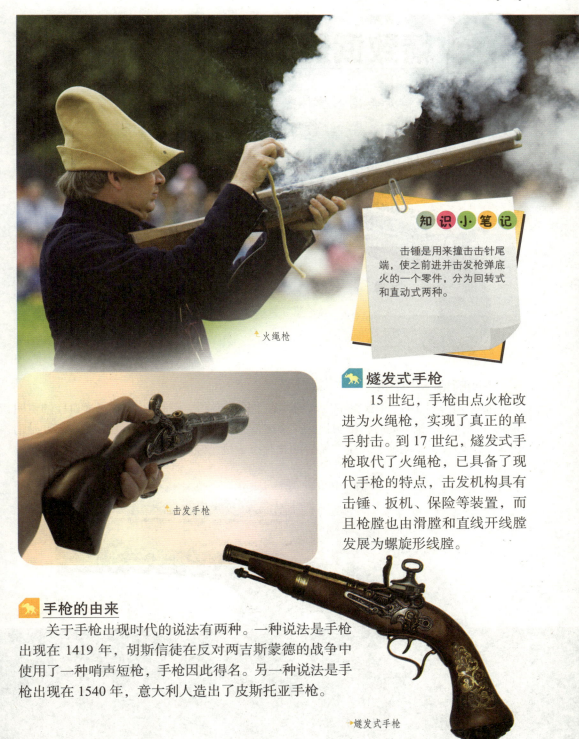

火绳枪

知识小笔记

击锤是用来撞击击针尾端，使之前进并击发枪弹底火的一个零件，分为回转式和直动式两种。

击发手枪

燧发式手枪

15世纪，手枪由点火枪改进为火绳枪，实现了真正的单手射击。到17世纪，燧发式手枪取代了火绳枪，已具备了现代手枪的特点，击发机构具有击锤、扳机、保险等装置，而且枪膛也由滑膛和直线开线膛发展为螺旋形线膛。

手枪的由来

关于手枪出现时代的说法有两种。一种说法是手枪出现在1419年，胡斯信徒在反对两吉斯蒙德的战争中使用了一种哨声短枪，手枪因此得名。另一种说法是手枪出现在1540年，意大利人造出了皮斯托亚手枪。

燧发式手枪

精致武器——德林杰手枪

> **德**林杰手枪是美国人德林杰于 1825 年发明的,它结构简单,携带方便,拔枪容易,非常适合在近距离的紧急情况下使用。1864 年,美国总统林肯遭刺身亡,凶手使用的就是这种手枪。

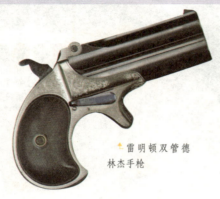

▲雷明顿双管德林杰手枪

被迫改名

虽然德林杰手枪有很多优势,但由于凶手用这种手枪刺杀了林肯总统,所以美国军民拒绝使用它。后来德林杰和一些枪械商人把 deringer 改成 derringer,并且用这个新名字制造了一个新的枪械系列。

雷明顿德林杰手枪

雷明顿公司 1865 年获得了生产德林杰手枪的专利,研制出 10.4 毫米口径的雷明顿双管德林杰手枪。此时,雷明顿的"德林杰"已改为"derringer"。从 1866 年开始销售第一支以来,雷明顿公司生产销售的德林杰手枪已经超过 15 万支。

▲双管德林杰手枪

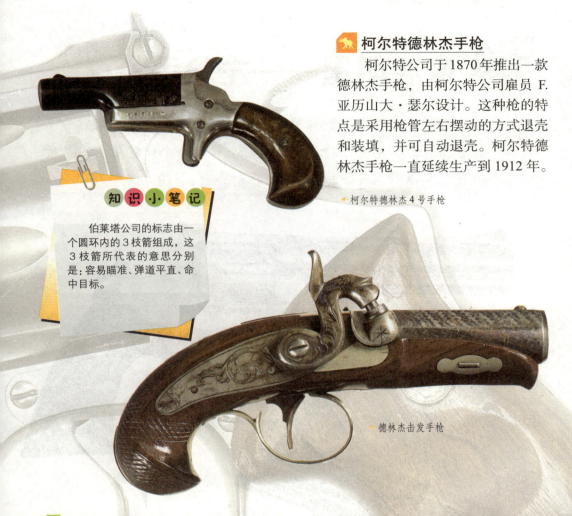

柯尔特德林杰手枪

　　柯尔特公司于1870年推出一款德林杰手枪，由柯尔特公司雇员 F. 亚历山大·瑟尔设计。这种枪的特点是采用枪管左右摆动的方式退壳和装填，并可自动退壳。柯尔特德林杰手枪一直延续生产到1912年。

◀ 柯尔特德林杰 4 号手枪

◀ 德林杰击发手枪

美国德林杰手枪

　　美国德林杰公司是1980年由罗伯特·A.桑德斯创办的。创业初期，桑德斯的市场并不景气，后来受雷明顿双管德林杰手枪的启发，他生产了60多种不同口径的不锈钢德林杰手枪，成功跻身于美国公司前500名之列。

女士德林杰手枪

　　当美国德林杰手枪热销的时候，桑德斯的妻子伊丽莎白认为女士也需要佩带武器来防身，于是建议丈夫生产女士德林杰手枪。女士德林杰手枪不仅实用，而且漂亮、简洁，深受女士们的喜欢。

▲ 德林杰女士手枪

家族明星——左轮手枪

左轮手枪是一种带多弹膛转轮的手枪，它是非自动手枪家族中最著名的成员。左轮手枪能绕轴旋转，可使每个弹膛依次与枪管相吻合。它之所以叫左轮手枪，是因为在射击时，转轮向左旋转。

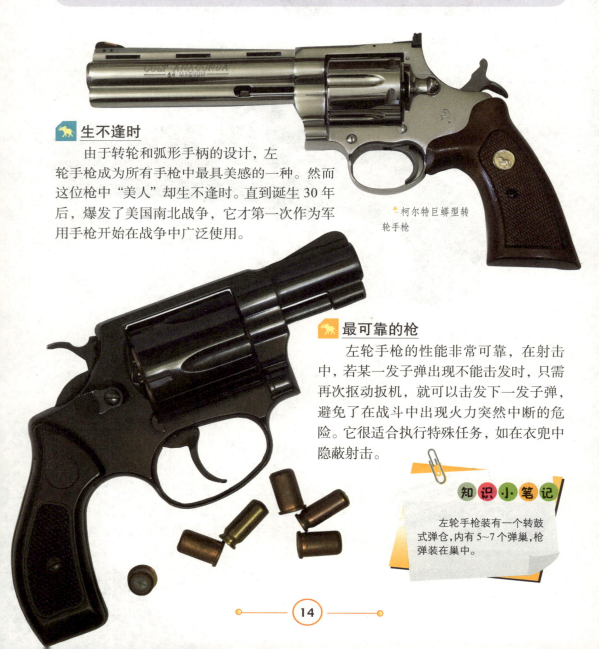

生不逢时

由于转轮和弧形手柄的设计，左轮手枪成为所有手枪中最具美感的一种。然而这位枪中"美人"却生不逢时。直到诞生30年后，爆发了美国南北战争，它才第一次作为军用手枪开始在战争中广泛使用。

▲柯尔特巨蟒型转轮手枪

最可靠的枪

左轮手枪的性能非常可靠，在射击中，若某一发子弹出现不能击发时，只需再次抠动扳机，就可以击发下一发子弹，避免了在战斗中出现火力突然中断的危险。它很适合执行特殊任务，如在衣兜中隐蔽射击。

知识小笔记

左轮手枪装有一个转鼓式弹仓，内有5~7个弹巢，枪弹装在巢中。

美中不足

　　虽然左轮手枪在 20 世纪初独领风骚，但作为军用手枪，它也有不足之处，如容弹量少、射速低、重新装填时间长、威力较小等。因此，第二次世界大战之后，左轮手枪在军队中的地位被自动手枪取代。

▲ 转轮手枪的转轮摆出特写

▲ 德林杰转轮手枪

左轮手枪之父

　　世界上第一支具有实用价值的左轮手枪，是由美国发明家塞缪尔·柯尔特在 1835 年发明的。虽然后来人们对左轮手枪进行了改进，但基本结构和原理依然保持着柯尔特发明时的原样，所以柯尔特是当之无愧的"左轮手枪之父"。

▲ 左轮手枪

刺客的最爱

　　左轮手枪似乎总是和刺杀联系在一起。1881 年 7 月 2 日，美国总统加菲尔德遇刺，凶手使用的是一种名为柯尔特的左轮手枪。1901 年 9 月 6 日，凶手使用左轮手枪刺杀美国第25任总统麦金莱。

现代手枪的标志——自动手枪

自动手枪是指在射击过程中能自动完成开锁、抽壳、抛壳、待击、再装填、闭锁等动作的半自动手枪。人们一般都习惯将半自动手枪称为自动手枪，它是现代手枪的标志。

自动手枪第一人

奥地利人约瑟夫劳曼是新手枪发明的第一人，他于 1892 年发明了世界上第一支自动手枪，并在法国和英国获得发明专利。自动手枪的问世，为新手枪的出现带来了一丝曙光。

▶ 自动手枪及其弹匣、子弹

QSZ92 自动手枪

中国从 1994 年开始研制 QSZ92 自动手枪。该枪采用了多重保险机制，能够适应各种恶劣的气候和温度条件，对目标的伤害力极强。

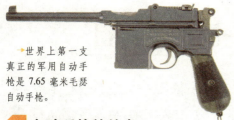

→世界上第一支真正的军用自动手枪是 7.65 毫米毛瑟自动手枪。

第一支军用自动手枪

世界上第一支真正的军用自动手枪是 7.65 毫米毛瑟自动手枪，它是费德勒三兄弟于 1895 年发明的，被命名为 C96 式毛瑟手枪。

自动手枪的特点

自动手枪应用新技术后，得到了巨大的成功。现代手枪的基本特点是：变换保险、枪弹上膛、更换弹匣方便、结构紧凑、自动方式简单等。

→格洛克 17 自动手枪

知·识·小·笔·记

我国抗日战争中曾广泛使用的"驳壳枪"和"20 响"，就是毛瑟式自动手枪。

第一支实用的自动手枪

1893 年，德国人雨果·博查特发明了世界上第一支实用的自动手枪。博查特手枪采用枪管短后坐式的自动原理，肘节式闭锁机构，弹匣供弹，弹匣装在手枪握把里。该枪开锁、抛壳、待击、再装填、闭锁等动作均可由枪机的后坐和复进来完成。

→现代自动手枪

"常青树"——M1911A1

自动手枪M1911A1是世界上最著名的手枪之一，也是世界上装备时间最长、装备量最大的手枪，被许多国家军队采用。它的设计者是大名鼎鼎的美国著名枪械设计师勃朗宁。该枪在美国军队中服役已有70多年，被称为手枪中的"常青树"。

战争的洗礼

柯尔特M1911A1自装备部队以来，跟随美军经历了无数次战役，几乎见证了美国的每一个战争历程，经受过各种考验。

➡M1911A1 及早期型 M9

柯尔特三角精英手枪是以M1911A1改进而成的10毫米口径手枪

军用手枪之王

第二次世界大战结束后，美国陆军曾对德国的"沃尔特"、日本的"14 式"、美国的"柯尔特45式"和 M1911A 等多种手枪进行综合性能的评比。最终，M1911A1 手枪以满分独占鳌头。

→柯尔特 M1911A1

↑军用型 M1911A1 的分解图片

绝无仅有的枪种

据统计，截至 1945 年第二次世界大战结束，美军已经购买了 270 多万支 M1911A1 自动手枪，它的派生产品有 100 多种，这在枪械发展史上是绝无仅有的。

不老的传奇

有关 M1911A1 自动手枪的故事很多。其中最为传奇的是，1918 年 10 月 8 日，一个名叫阿尔文·约克的美国士兵在用一支步枪射杀了德军的一个机枪组后，仅用一支 M1911A1 手枪，就使 132 名德国士兵投降。

知 识 小 笔 记

伯莱塔公司的标志由一个圆环内的 3 枝箭组成，这 3 枝箭所代表的意思分别是：容易瞄准、弹道平直、命中目标。

→ 柯尔特枪族与前苏联 AK 枪族、比利时 FN 枪族一样，在国际兵器界具有很大的影响。

美军新宠——"伯莱塔"92F

能够取代M1911A1而成为美军现役的制式手枪，足以说明伯莱塔92F式自动手枪的性能优良。它是在伯莱塔92式系列手枪的基础上研制而成，被美军采用后命名为M9式手枪。

"伯莱塔"92F开火瞬间

标志的意义

伯莱塔公司的标志由一个圆环内的3枝箭组成，这3枝箭所代表的意思分别是：容易瞄准、弹道平直、命中目标。

防患于未然

伯莱塔92F装备初期，手枪的套筒与闭锁卡铁连接的位置容易断裂，发生过3起断掉的半个套筒向后飞出打伤射手的事故。后来92F所有的部件都使用最好的钢材制造，从此再也没有发生过套筒断裂的事故。

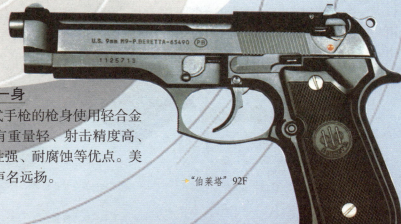

U.S. 9mm M9-P.BERETTA-65490 (PB)
1125713

多种优点集一身

伯莱塔92F式手枪的枪身使用轻合金制造，整支枪具有重量轻、射击精度高、故障率低、适应性强、耐腐蚀等优点。美军的青睐更使其声名远扬。

"伯莱塔"92F

➤ "伯莱塔" 92F 式手枪

威力巨大的子弹

伯莱塔 92F 式手枪使用 9 毫米的帕拉贝伦手枪弹，美军定型为 M882 型子弹，它全重 12.2 克，弹头重 7.4 克。该子弹威力巨大，可使人中弹后较快地失去抵抗能力。

伯莱塔公司

意大利伯莱塔公司是世界上最古老的枪械公司之一。1526 年，伯莱塔接到订单为威尼斯兵工厂生产 185 套火绳枪枪管。由于伯莱塔的产品质量上乘，不仅威尼斯共和国经常订购其产品，而且其他多个欧洲政府也委托伯莱塔家族为其制造枪械。

➤ 美国海军陆战队队员使用 "伯莱塔" 92F 自动手枪

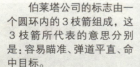

知 识 小 笔 记

伯莱塔公司的标志由一个圆环内的 3 枝箭组成，这 3 枝箭所代表的意思分别是：容易瞄准、弹道平直、命中目标。

一发制敌——"沙漠之鹰"

"**沙**漠之鹰"手枪是一种进攻型手枪,可直接更换4种不同的枪管。这种手枪是专门为在近战中能一发制敌而研制的,它发射的 12.7 毫米子弹射入人体后能将巨大的动能传递给肌肉和其他器官,造成严重伤害。

恐怖的后坐力

"沙漠之鹰"有一个缺点就是开枪时会产生巨大的后坐力。有一次,一个初次使用"沙漠之鹰"的人因为没有注意握枪动作而使右手腕骨折。看来它巨大的后坐力的确不容忽视。

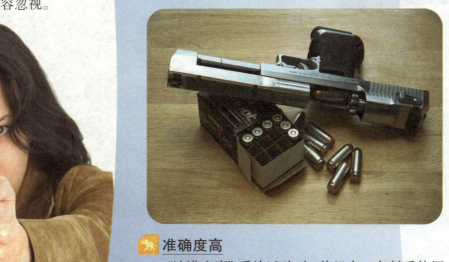

准确度高

"沙漠之鹰"手枪试验时,曾经有一名射手使用"沙漠之鹰"在 15 米的距离外,用 20 秒射完了一个 8 发弹匣。所有子弹的着弹点形成一个 50 毫米的弹孔,可见其准确度之高。

→"沙漠之鹰"的瞄准装置由缺口照门和片状准星组成,准星镶嵌在燕尾槽中,高 3.3mm,缺口可侧面移动;很容易换成可调瞄准具。

知识小笔记

"沙漠之鹰"比普通手枪要大得多,很难隐蔽携带。

与众不同

"沙漠之鹰"与其他自动手枪不同，它采用导气式开锁原理和枪机回转式闭锁。这是因为它发射的马格南左轮手枪弹的威力太大，一般自动手枪用的刚性闭锁原理根本无法承受。

▲ "沙漠之鹰"手枪及子弹

手枪中的"袖珍炮"

"沙漠之鹰"手枪原作为运动手枪使用，但由于威力强大，很快转到了军警人员手中，获得"袖珍炮"的雅号。据说加长枪管后用于狩猎的"沙漠之鹰"，射程达 200 米，可轻易地把一头麋鹿击倒。

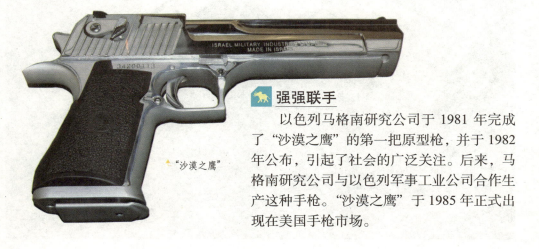

▲ "沙漠之鹰"

强强联手

以色列马格南研究公司于 1981 年完成了"沙漠之鹰"的第一把原型枪，并于 1982 年公布，引起了社会的广泛关注。后来，马格南研究公司与以色列军事工业公司合作生产这种手枪。"沙漠之鹰"于 1985 年正式出现在美国手枪市场。

魅力四射——CZ 75 型手枪

捷克和斯洛伐克曾经是一个国家，"CZ"公司是当年捷克斯洛伐克最有名的枪械企业。该公司研制的枪支都印有该厂名的缩写 CZ 字样，这个品牌在国际武器市场上与当时前苏联的 AK、比利时的 FN、美国的柯尔特一样具有很好的声誉。

平稳射击

CZ 75 手枪是由约瑟夫与法兰提司克·库斯基两位设计师合作而成。它的滑套与枪身结合滑动导槽较长，且导槽为连续无间断，射击时，较长的导槽能使滑套运行顺畅。因此 CZ 75 在射击时，枪身的平衡感与稳定性都很好。

▼ CZ75 手枪

知识小笔记

CZ 75 手枪的握把设计以人体工程学为基础，发射部件采用双动原理，使用起来简便快捷。

使用简便

CZ 75 手枪的握把设计以人体工程学为基础，发射机构采用双动原理，使用简便快捷。此外，该枪能够发射多种型号的枪弹，简化了后勤保障及武器对枪弹口径的依赖性。

CZ75 简洁流畅的外形

魅力难挡

CZ 75 手枪推出后，因其射击的稳定性好、保养简易及价格低廉，所以在欧洲的销售状况非常好。但美国却明令禁止进口 CZ 75 手枪，后来美国有 4 家枪厂仿造 CZ 75 手枪。之后，意大利、瑞士也相继开始仿造，这足以说明该枪的魅力。

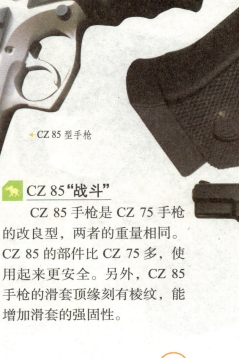

CZ 85 型手枪

CZ 85"战斗"

CZ 85 手枪是 CZ 75 手枪的改良型，两者的重量相同。CZ 85 的部件比 CZ 75 多，使用起来更安全。另外，CZ 85 手枪的滑套顶缘刻有棱纹，能增加滑套的强固性。

情报局"宠儿"——瓦尔特 P99

瓦尔特在 1994 年以 P88 为基础重新设计了一种适合平民自卫或执法人员使用的半自动手枪，并吸收了市场上许多新产品的研究成果。瓦尔特的这种新手枪在 1996 年对外公开，并命名为 P99 自动手枪。

🐯 **智慧的结晶**

P99 手枪蕴含了瓦尔特公司设计人员的许多创新性思维及先进技术。枪身首次采用聚合玻璃纤维材料制造，其强度与耐磨性高于钢材。此外，手枪的握把部分设计了 3 种尺寸，可供不同手掌大小的人选择。

△ 瓦尔特 P99 手枪分解图

▷ 瓦尔特 P99

知 识 小 笔 记

1997 年推出的 007 系列电影《明日帝国》中，P99 随詹姆士·邦德首次亮相。

聚合物套筒座

P99 手枪的套筒座由聚合物制成，与金属套筒座相比，具有易制造、成本低、强度高、弹性好、韧性强、尺寸规范、不变形、抗腐耐磨、重量轻等优点。

→P99 的衍生型 P99QA

情报局"宠儿"

在 007 系列电影中，虚拟的英国情报单位 MI-5 的特工们使用的就是 P99 手枪。在现实中，这款枪凭借着短小精悍的身材和先进可靠的性能，成为了各国情报部门的"宠儿"。

▲ P99 HMSS 是为纪念电影中詹姆斯·邦德使用的 P99 手枪而生产的特别版本。

007 强力推荐

在 1997 年推出的 007 系列电影《明日帝国》中，P99 随詹姆士·邦德首次亮相，替换掉了男主角使用了 30 多年的 PPK 手枪。瓦尔特公司借助这部电影在全球的放映，也达到了为新枪做宣传的目的。

▲ 瓦尔特 P99

庞大的家族——陶鲁斯手枪

意大利伯莱塔公司于1974年获得了巴西政府的大量订单,为巴西军方和政府生产手枪。后来,伯莱塔将工厂卖给了陶鲁斯。与伯莱塔的交易使陶鲁斯走了捷径,短时间内它的产品目录上出现了多种自动手枪。

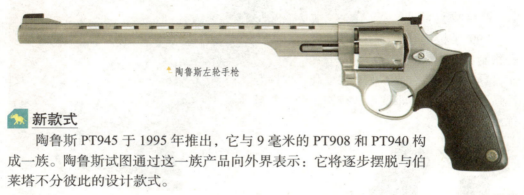

🔺 陶鲁斯左轮手枪

🐃 新款式

陶鲁斯 PT945 于 1995 年推出,它与 9 毫米的 PT908 和 PT940 构成一族。陶鲁斯试图通过这一族产品向外界表示:它将逐步摆脱与伯莱塔不分彼此的设计款式。

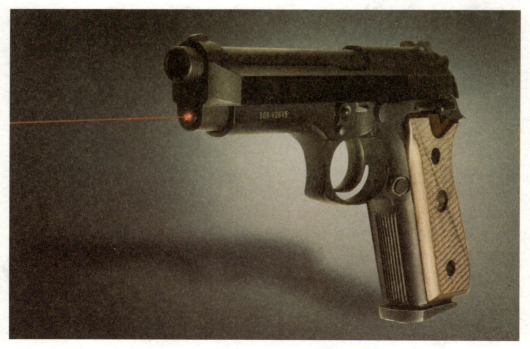

一举成名

1982 年，陶鲁斯在美国迈阿密建立了子公司——陶鲁斯国际制造公司。为了提高知名度，陶鲁斯做出了一个颇有冒险性的举动：宣布为客户提供全寿命期保修政策。这项政策对整个枪械行业和市场产生了巨大冲击，陶鲁斯由此广为人知。

陶鲁斯 PT145

知识小笔记

陶鲁斯公司 1939 年在巴西中西部城市阿雷格里港成立，最初只是一家小规模的工具制造商。

家族的骄傲

陶鲁斯 PT24/7 手枪全枪长 181 毫米，作为战斗手枪，其尺寸大小堪称完美。PT24/7 手枪作为陶鲁斯公司的最新力作，设计优秀，加工精良，性能可靠，是陶鲁斯家族中一位值得骄傲的新成员。

陶鲁斯公司

巴西陶鲁斯公司是世界著名的轻武器制造商之一，始建于 1939 年，专门研制生产左轮手枪。进入 1980 年，该公司开始生产自动手枪，PT945 是巴西陶鲁斯公司生产的第一种自动手枪。

陶鲁斯 PT945

陶鲁斯家族成员

陶鲁斯手枪家族的成员包括 PT22、PT25、PT58、M63、M62、B5、94、941 及标准尺寸的王牌 PT92 等。

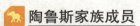

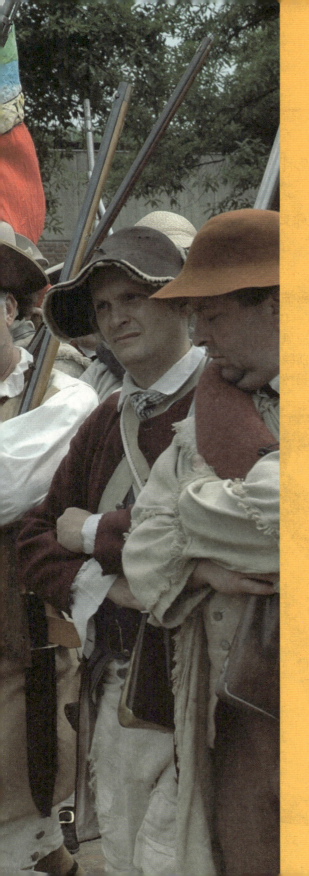

步　枪

  步枪既是步兵使用的基本武器，也是杀伤单个目标的有效武器。它的有效射程为 300~400 米，通常在 200 米以内射击效果最好。步枪按照用途可以分为民用步枪、军用步枪、警用步枪、突击步枪、骑枪和狙击步枪。

东方之王——AK-47 步枪

> **前** 苏联著名枪械大师卡拉什尼科夫设计的AK-47突击步枪是20世纪人类武装力量的象征之一,被誉为步枪中的王者。AK-47因性能可靠、使用方便、价格低廉而风靡世界,它对轻武器发展史乃至整个人类的历史,都产生了深远的影响。

适应性强

AK-47 最大的特点是能适应非常恶劣的环境,尤其适应风沙泥水的环境。一位英军将领曾这样训导将要上前线的士兵:当你手中的武器出毛病时,最要紧的是扔掉它,并赶快找到一把 AK-47!

知识小笔记

AK74 是在 AK47 基础上研制的小口径突击步枪,它在 300 米距离上命中率到达 40%。

▲AK47 步枪

产量之最

在二战后的一些中、小规模的军事冲突中,AK-47曾被不少国家的军队当作步兵的主战武器而驰骋于战场。据美国轻武器专家的统计,AK 系列步枪是世界上生产量最多的一种步枪。

品牌的威力

有位轻武器专家说了这么一句俏皮话："美国出口的是可口可乐，日本出口的是索尼，而前苏联出口的是卡拉什尼科夫。"由此可见，AK步枪对世界的影响有多么大。

▲AK47 步枪装备

名字＝财产

2002年，84岁的卡拉什尼科夫与一家德国公司签署了一份商业合同，授权这家公司使用"卡拉什尼科夫"作为商标。据说当时俄罗斯有关部门专门开会研究，确定"卡拉什尼科夫"这个名字是个人财产还是国家资产。

►AK47 至今仍是许多国家军队装备的武器。

果断的抉择

一支美军巡逻小队遭到了袭击，躲到墙后的士兵贝利发现身后的水渠中有一支AK−47和M14，他毫不犹豫地拿起 AK−47 还击。事后，他坦率地说："如果要在水沟中选择一把浸泡过的步枪，我只会选择AK−47"。

民用之秀——M14 自动步枪

第二次世界大战期间,由于战争和美军装备的需要,加兰德和他的同事们对 M1 半自动步枪进行了多次改造。1957 年,美国军械部长宣布采用 M1 的改进型 M14 自动步枪。M14 自动步枪替代了当时 4 种服役的步兵武器。

大规模生产

美国春田兵工厂于 1958 年 4 月开始小批量生产 M14 步枪,1959 年进入大规模生产。至 1963 年,M14 在美国生产了 138 万支,共花费 1.3 亿美元。

水土不服

M14 刚刚装备部队便立即在越南战场投入使用。在越南的丛林山区中,M14 的缺点暴露无遗,如射手不容易控制、枪形太长等。因此,在越南战场上的美军迫切需要一种新的步枪取代 M14 步枪。

加装两脚架和瞄准镜的 M14

▲ M14 步枪

🐾 重新启用

M14 步枪具有精度高和射程远的优点。1969 年，美国军方根据 M14 研制出 M21 狙击步枪，受到军队的欢迎。美军在阿富汗、伊拉克战争中，重新启用了更多配上两脚架和瞄准镜的 M14。

🐾 民用型热销

尽管 M14 步枪作为军用步枪不能算成功，但是在民用市场却有很好的销路，多家工厂大量生产民用型 M14 步枪出售。

🐘 广泛用途

今天，美军仍封存有至少 170 000 支 M14 作为战略储备。西点军校、安纳波利斯的海军学院、弗吉尼亚州的军事学院等都使用 M14 训练。此外，M14 也经常用作仪仗队和护旗队的礼仪步枪。

知识小笔记

M14 自动步枪可以选择半自动单发，三发连射和连射三种设计模式，后来被 M16 步枪所取代。

开创先河——M16 步枪

M16 是开创小口径化先河的步枪,由洛克希德飞机公司的工程师斯通纳设计,于20世纪60年代开始装备美军,已经历了40多年。在这期间,无论人们对它如何褒贬,仍然经久不衰。

长期使用

除军队外,M16系列步枪也被许多警察战术分队所采用。在它之后的相当长一段时间,人们没有发现任何一种更适合的步枪能全面取代M16系列。据说美军早已决定将M16系列步枪至少使用到2010年。

▲M16步枪的改进型 M16A1

灵感来源于积木

一天,斯通纳到幼儿园接孩子,他看到孩子们将积木堆积成各种造型。同样的小方木,却可以在孩子们手里变化无穷,他深受启发。经过几年的努力,斯通纳终于在1963年试制成功了这种积木式枪,被称为"斯通纳枪族"。

知识小笔记

M16步枪由钢、铝合金以及复合塑料制成,因此其重量比其他类型步枪相对要轻些,其早期型要更为轻巧。

▲M16A2 除了新的膛线之外,护木前的枪管被加粗,增加枪管的抗弯曲性能,减缓了连续射击时的过热,提高单发精度。

手持 M16A2 的美国
士兵在演练。

战斗利器

小口径的 M16 步枪从越南战
争的烽火中起步，经历了美军入侵
格林纳达和巴拿马的行动、海湾战
争等。可以说，M16 步枪是 20 世
纪 60 年代以来，美军士兵每一次
军事行动必备的战斗利器。

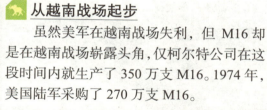

M16A2 步枪

从越南战场起步

虽然美军在越南战场失利，但 M16 却
是在越南战场崭露头角，仅柯尔特公司在这
段时间内就生产了 350 万支 M16。1974 年，
美国陆军采购了 270 万支 M16。

钟情 M16A1

斯通纳一直对 M16A1 情有独
钟，所以对于 M16A2 的改进一直
耿耿于怀。他曾经说，在 M16A2
的改进过程中，从来没有征求过他
的意见，改完后才让他看。他还形
容 M16A2 除了护木以外，其他改
动没有任何价值。

手持 M16A1 的士兵

美国新力作——XM8 步枪

> **美**国武器在和平时期的发展不再领先于世界其他国家,美国人决心研制优秀的单兵武器,XM8 就是在这样的背景下研制成功。XM8 将取代从越南战争时期开始装备部队至今的 M16 系列步枪。

XM29

XM29 是为"陆地勇士"开发的单兵战斗武器,也是陆军的"未来战斗系统"计划的一个重要组成部分。XM29 系统被分成 2 个子系统分别研制,一个是 XM8 轻型突击步枪,另一个是 XM25 自动榴弹发射器。

短周期研制成果

2002 年 10 月,美国防部与 ATK 和 HK 防务公司签订了一项 500 万美元的研制合同, 由 HK 防务公司负责研制 XM8 轻型突击步枪,所限定的开发周期非常短,仅有 3 年时间。

▲手持 XM8 步枪的士兵

▲XM8 步枪

美观实用

XM8 虽然很轻，但却非常坚固耐用，服役寿命很长。它是由高强度的聚合物材料制成，不仅坚固，而且可以生产成不同的颜色，有适用于丛林环境的绿色、沙漠环境的黄褐色和城市环境的哑黑色等。

↑ 酷劲十足的 XM8

灵活射击

XM8 使用北约标准的 5.56 毫米子弹，配备 30 发 G36 标准弹匣或 100 发塑料弹匣，可以用最少的润滑油和清洗需求发射 1.5 万~2 万发子弹。士兵可以根据偏好或战场形势，灵活使用左手或右手射击。

改装变型

XM8 突击步枪生产了 4 种变型，可相互转换。在战场上，使用者可以根据需要在几分钟内变换枪管和其他组件，由一种变型改装成另一种变型。

知识小笔记

美军在 2005 年 4 月宣布暂停 XM8 计划，并在同年 10 月正式全面取消 XM8 的开发。

"魔方步枪"——AUG 步枪

AUG 步枪自 1970 年问世以来备受推崇，并凭借先进的技术跻身于世界著名步枪前列，有十几个国家选用它作为制式武器。AUG 具有外观新颖、结构紧凑、操作简单、射击平稳、精度较好、携带方便等优点。

特别创意

　　AUG 采用了较多的塑料机件，不仅加工容易，不生锈，而且强度特别好。此外，它的后部宽大，既可容纳机件和保养附件，也能放置士兵的日常生活用品。士兵们都很喜欢这个特别创意。

▲AUG A1 突击步枪

知识小笔记

美国大兵对无托结构的步枪有厌恶的情绪，但却对 AUG 情有独钟。

"魔方步枪"

AUG 果酱色的外观透出一种柔美，这或许会让人忽视它的刚烈。女兵们喜欢使用它，是因为它很轻，射击时感觉非常舒服，而且能很快掌握射击要领。男兵们更喜欢它，称它为"魔方步枪"。

→AUG采用铝合金压铸机匣，耐腐蚀，通过28个机械加工工序成形，有钢增强嵌件。

AUG—A1

AUG-A1 是 AUG 的标准型，枪管长 508 毫米，它是奥地利陆军及其他装备 AUG 国家的大多数士兵所配备的步枪。

美中不足

AUG 是一种结构紧凑、携带方便的步枪，它被沙特、阿曼军队用于 1991 年的海湾战争，经受了实战的考验。但美中不足的是，AUG 单发后可能造成弹丸偏离目标，而且在风沙、严寒等恶劣环境中，更容易发生故障。

▲装备 AUG 突击步枪的士兵

AUG—A2

改进型 AUG-A2 保持了 AUG 的主要优点，突出的改进是机匣和瞄具可分离，机匣左侧增加了可折叠的滑板，以减少枪落地摔裂的危险。

挑剔的"朋友"——SVD 狙击步枪

SVD 是由德拉贡诺夫设计的狙击步枪。它实际上是 AK-47 突击步枪的放大版本,自动发射原理与 AK-47 系列完全相同,但结构更为简单。SVD 于 1967 年开始装备部队,现仍在俄罗斯、埃及、南斯拉夫、罗马尼亚等国服役。

需要专业狙击手

装备 SVD 的士兵需要接受针对该武器的专门训练。在第一次车臣战争中,俄军没有经过专门训练的 SVD 狙击手,于是让特别行动小组的特等射手来使用它们。然而,这些射手在战斗中的表现并不出色。

士兵的朋友

SVD 步枪就像士兵们的朋友,他们小心地"呵护"着这位朋友,经常对它进行保养、清理。SVD 的瞄准具可以快速瞄准射击,或使用机械瞄准具进行近距离射击。

SVD 的瞄准具可以快速瞄准射击,或使用机械瞄准具进行近距离射击。

枪托可折叠的 SVDS

工艺精湛

SVD 的制造工艺比较复杂，重量很轻，但在同级狙击枪中精度相当高。曾经有一名美国陆军狙击手这样说："在今天的术语中，SVD 不算是一种真正意义上的狙击步枪，但它被设计、制造得出奇地好，是一种极好的延伸射程的班组武器。"

SVD 的发射机构实际上可以看作是 AK47 突击步枪的放大版本，但更简单。

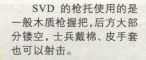

知识小笔记

SVD 的枪托使用的是一般木质枪握把，后方大部分镂空，士兵戴棉、皮手套也可以射击。

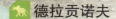

德拉贡诺夫

德拉贡诺夫于 1920 年出生在伊热夫斯克这个以制造轻武器而著名的城市，他曾在大学学习机械加工技术，并且酷爱射击运动。后来，德拉贡诺夫到武器设计局工作，设计出了著名的 SVD 狙击步枪。

火　炮

　　火炮是利用火药燃气压力等能源抛射弹丸，口径大于等于20毫米的身管射击武器，通常由炮身和炮架两大部分组成。自问世以来，火炮已经形成了多种具有不同特点和不同用途的体系，成为战争中火力作战的重要手段。火炮按照用途可以分为榴弹炮、迫击炮、高射炮、火箭炮和反坦克炮等。

"帕拉丁"——M109A6 式自行榴弹炮

"**帕**拉丁"M109A6 式自行榴弹炮于 1994 年第一次装备部队,现已在美国和以色列陆军中服役。它将与 M777 轻型 155 毫米榴弹炮、M270A1 式多管火箭炮和"海马斯"高机动性火箭炮系统一起构成美军主力野战炮兵系统。

防护能力强

"帕拉丁"的乘员在执行任务时全部留在车内。车上的核、生、化战争防护系统能为每位乘员提供独立保护,并可通过独立乘员防护系统输送冷热空气来调节舱室温度。炮塔内还安装有弹片抑制衬层,能有效提高炮塔的防护能力。

▲M109 可以在 60 秒内完成从接收射击命令到开火的一系列动作。

▲M109A6 式自行榴弹炮

知识小笔记

M109A6 式自行榴弹炮是 M109 式火炮的最新改进型,是美军野战炮兵的第一主角。

独立作战

"帕拉丁"可在无外部技术协助的情况下独立作战。乘员可通过保密语音和数字通讯系统接收任务数据，自动将炮解锁，指向目标并发射，然后移至新位置。

➤M109A6 榴弹炮于夜间射击的情形

技术先进

"帕拉丁"充分利用了信息化技术，采用先进火力支援指挥与控制系统。炮上的计算机系统不仅可以接收并处理大量外部信息，而且能自动计算出精确的射击参数，并自动选择击毁目标的弹种、用弹量等。

➤M109 自行榴弹炮炮塔为全封闭结构，可在生、核、化条件下作战。

迅速转移

"帕拉丁"装备有车载全球定位导航系统，提高了火炮机动的准确性。它从行军状态到发射完第一发炮弹用时不超过 1 分钟，然后立即转移到 300 米外的安全地点继续战斗。

"十字军战士"——XM2001 自行榴弹炮

"**十**字军战士"自行榴弹炮系统是美国原来打算代替现役的"帕拉丁"火炮的新武器系统。按照设计,"十字军战士"应该是世界上性能最好的火炮,具有 24 小时全地型、全天候作战能力。

新技术发挥大作用

"十字军战士"XM2001自行榴弹炮系统,通过采用和集成先进技术,可显著提高炮兵的生存能力、杀伤力、机动性以及作战能力与效能。

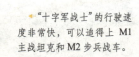

"十字军战士"的行驶速度非常快,可以追得上 M1 主战坦克和M2 步兵战车。

完美的供弹系统

"十字军战士"的供弹系统由自行榴弹炮和供弹车组成,采用相同的底盘,自行榴弹炮和补给车通过战术火力控制系统联为一体。炮和车采用最新的车载式网络化信息处理技术,具备自动化火力控制与指挥控制能力。

"十字军战士"的公路行驶速度为 67~78 千米/小时；越野时速为 39~48 千米/小时，可以跟上 M1 主战坦克和 M2 步兵战车。

知识小笔记

由于种种原因，美军已经放弃研制"十字军战士"XM2001 自行榴弹炮系统。

威力游侠

"十字军战士"在接到命令之后的 15 秒后开始射击，60 秒内可以发射 10 发炮弹，90 秒后转移到 750 米外的新阵地，再过 30 秒开始新的射击。仅 3 辆"十字军战士"就可以在 20 分钟内实施 180 发炮弹的攻击。

"十字军战士"于 1994 年开始研制，由于考虑其过于笨重，2002 年美国已停止了该项目。

兵贵神速

"十字军战士"的行驶速度非常快，可以追得上 M1 主战坦克和 M2 步兵战车。这一点在瞬息万变的战场上非常可贵。

最轻的火炮——M224 型迫击炮

于 1978 年研制定性的 M224 型迫击炮，是一种 60 毫米口径的轻型迫击炮，1979 年开始装备部队。该炮专供步兵连、空中突击连和空降兵连使用，是目前世界上装备最轻的一种火炮。

最轻的火炮

M224 型迫击炮没有炮架，采用小矩形座架，全炮仅重 7.8 千克。这种轻便的迫击炮不仅可由一个人携带使用，而且还具有两种发射方式。

精致小炮

M224 式 60 毫米迫击炮是根据 81 毫米中型迫击炮的战斗经验研制而成。炮身由高强度合金钢制造，外部刻有螺纹状散热圈，2 人便可携带和操作。同时，该炮还配备激光测距仪和迫击炮计算器，因此具有射程远、精度高的特点。

▷ M224 式 60 毫米迫击炮发射瞬间

M224 式迫击炮需要通过人工从炮口处装填弹药

知识小笔记

M224 式迫击炮需要通过人工从炮口处装填弹药。

深受欢迎

M224 型迫击炮由炮身、炮架、座板、瞄准具 4 部分组成，它不仅具有炮身轻巧、携带方便、配用弹种多、发射精准等优点，而且十分适合在山地、丛林等复杂的环境中使用，所以深受军队的欢迎。

M224 式迫击炮的重量很轻，美国士兵甚至可以不用两脚架，直接用手扶着炮身就能完成射击任务。

迫击炮趣闻

迫击炮是二战中最受前苏联军队指挥员宠爱的武器。这是因为它们是最容易得到的装备，而且操作简便、价格便宜、容易维护、保养。士兵们只需要花费几分钟的时间就能学会如何使用它们。此外，它们在任何情况下，都能以最快的速度投入战斗，向敌人发射炮弹。

"火神"——M163 式高射炮

"火神"M163 式自行高炮(也译作"伏尔康"自行高炮)于 1968 年 8 月研制成功,并开始装备美军。该炮主要用于掩护前沿部队,攻击低空飞机和武装直升机,也可以用来攻击地面轻型装甲目标。

性能特点

"火神"M163 射速高、火力密度大,可形成密集杀伤区域,能攻击多批目标,还可保证较高的射击精度。同时,该炮射击方式灵活,操作方便,不受电子干扰。令人遗憾的是,M163 的射程较近,威力不足,早期型号不具备全天候的作战能力。

多国装备

至 20 世纪 80 年代初期,美军共装备了 379 辆 M163 式自行高射炮。此外,以色列、韩国、摩洛哥、苏丹、突尼斯、也门、厄瓜多尔、泰国和菲律宾等国家也装备了该炮,至今仍在一些国家中继续服役。

知识·小·笔记

海湾战争中,美军机械化部队装备了这种高炮,主要用于掩护前方地域部队空中安全。

M163 式高射炮

装备在履带式装甲车上的 M163 式高射炮

🐂 发展变型炮

美国对 M163 式自行高射炮作了改进，发展成几种变型炮，即自动跟踪式"火神"、产品改进式"火神"和火控系统改进式"火神"高射炮等。其中，自动跟踪式"火神"高射炮主要改进了雷达。

🐂 高射炮的分类

高射炮的分类标准不同，根据武器构造的不同，可分为自动高射炮和半自动高射炮；根据机动方式的不同，可分为牵引式高射炮和自行式高射炮；根据口径的不同，则可以分为小口径、中口径和大口径高射炮。

◀ M163A1 的火炮是六管联装的 M168 式 20 毫米机载机关炮。

"坦克杀手"——88 毫米高射炮

> **德**国的88毫米高射炮称得上是二战时期最著名、最具有传奇性色彩的火炮。虽然它是一种非常成功的中口径高射炮,但它最为人们津津乐道的却是无与伦比的反坦克能力。战争中,除了德国之外,88毫米系列高射炮还被多个国家装备。

🦁 超级坦克杀手

88毫米高射炮首次亮相是在西班牙内战期间。它以快射速和高准确率向人们证明,它不仅是出色的高射炮,也是令人畏惧的"坦克杀手"。第二次世界大战中,88毫米高射炮能在超过1000米的距离击碎任何盟军的坦克,再次展示了"坦克杀手"的风采。

▲88毫米高射炮

▲88毫米高射炮所配备的拖车能使其快速地由移动状态改为射击状态。

🦁 最长的手臂

在第二次世界大战的战场上,德军在准备迎接英国的一次进攻前,德国名将隆美尔对他的军官说:"沙漠作战可以形象地比喻成海上作战。谁拥有最大射程的武器,谁就有最长的手臂。我们现在就有这种最长的手臂——88毫米高射炮。"

隆美尔的王牌

1940 年 5 月，隆美尔指挥的第七坦克师从比利时境内向敦克尔克高速挺进途中，遭遇到一支英军的反击。关键时刻，一个高炮连的 88 毫米高射炮眨眼间击毁了英军 9 辆坦克，迫使英军后撤。从此，88 毫米高射炮成为隆美尔一张得心应手的反坦克王牌。

→88 毫米系列高射炮唯一的缺点是它的高度和重量，这使得它在战斗中很容易暴露于敌方火力范围内。

不可思议的威力

一位曾与 88 毫米高射炮交过手的英军坦克指挥官闷闷不乐地说："它看上去并不怎么样，但就是没有什么东西能够对付它。"而另一位被俘英军军官则愤怒地说："这不公平，竟然用防空大炮来对付坦克！"

知识小笔记

在德国重型坦克投入使用前，88 毫米高射炮是唯一能够抵御苏联重型坦克的反坦克炮。

"钢雨"——M270 式火箭炮

"钢雨"M270 式多管火箭炮是当今世界上最先进的火箭炮之一，也是美国陆军现役最先进的多管自行火箭炮。它由美国陆军牵头，美、英、法、德、意多国参与研制，于 1981 年研制成功，现已作为制式武器装备北约部队。

自动化

M270 式火箭炮由发射车、发射箱、火控系统和供弹车 4 部分组成。它的发射箱无须进行日常维护保养，可使用 10 年之久。遥控发射装置可以使炮手在离火炮很远的位置上发射。车载火控系统与定位系统相结合，大大提高了 M270 的独立作战能力。

车载火控系统与定位系统相结合，大大提高了 M270 的独立作战能力。

M270 式火箭炮

▲ M270 正在发射

应运而生

20 世纪 70 年代以前，自行火箭炮一般配置在后方作为"全职支援武器"，对装甲化的要求不高。20 世纪 80 年代初，很多国家认识到，自行火箭炮在常规战争中发挥着不可替代的作用。因此，出现了新型 M270 自行火箭炮。

无情"钢雨"

M270 式多管火箭炮具有射程远、威力大、反应速度快和自动化程度高等特点。在海湾战争中，共有 201 门 M270 式火箭炮投入使用，它能将 1 平方千米内的生命完全摧毁。因此，战场上有"不怕战斧怕钢雨"之说。

"天女散花"

M270 火箭炮的威力几乎全集中在子弹上。M270 发射 M26 弹时，一次可以打出 7 726 枚子弹，像"天女散花"一样撒落到 6 个足球场大小的面积上，那里顿时化为一片火海。

➤ 准备发射的 M270 式火箭炮

知识小笔记

M270 式火箭炮一次 12 管齐射只需 45 秒，重新装弹仅需 3～5 分钟。

长寿武器——M61A1 航炮

航炮是指安装在军用飞机上的 20 毫米以上口径的机关炮。"火神"M61A1 航炮是美国通用动力公司为美国空军研制的一种机载航炮，它是在理查德·加特林发明的转管炮技术的基础上研制而成，具有射速高、可靠性好的特点。

F15 战斗机上的 M61A1 航炮

航炮分类

航炮主要用于空战、对地攻击。按照结构分为：单管式、转膛式和多管旋转式。简单来说，单管式结构原理近似于自动步枪；转膛式结构原理近似于左轮手枪；多管旋转式结构原理近似于加特林机枪。

长寿的航炮

M61A1 航炮在炮管旋转的同时，每根炮管都处于不同的发射阶段，整门炮的射速是 6 个炮管射速的总和。因此，在相同射击次数下，M61A1 的身管寿命是单管炮的 6 倍。

刚从 FA-18 战机上拆卸下来的一具 M61A1 型航炮

致命的速度

M61A1 航炮一般使用弹链供弹，虽然经过长时间的发展后极为可靠，但是在每分钟 6 000 发的高射速下，弹链成为了最脆弱的一环。弹链在高速拉扯下，连接处很容易变形、弯折甚至断裂，造成航炮卡壳。

◀ M61A1 航炮

厉害的武器

在第二次世界大战中，航炮发挥了重要作用。一位飞行员驾驶着装载有航炮的飞机，击落敌机 352 架，这个数字足以让我们感受到航炮的厉害。

知识小笔记

M61A1 航炮在射击时无法分辨出两次击发中的间隔，声音听起来像重型混凝土钻孔机。

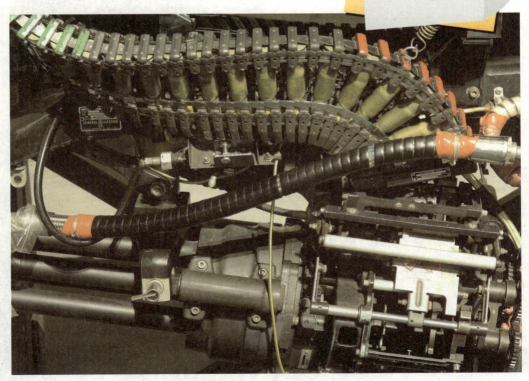

▲ M61A1 型航炮解破图

临危受命——MK45 型 127 毫米舰炮

舰 炮是安装在海军舰艇上的火炮,主要用于射击海上、岸上和空中目标。MK45 型 127 毫米舰炮是美国海军大、中型水面舰艇上的标准装备。在 40 多年的服役期间,它经历了多次技术改进。

挑战导弹

20 世纪 50 年代,由于导弹威力大、命中精度高、作战距离远而成为世界主要的舰载武器。相比之下,舰炮因在作战中暴露出诸多不足而遭受冷落。在这样的背景下,美国开始在 MK42 型舰炮的基础上研制 MK45 型舰炮。

▶ 士兵正在为 MK45 舰炮装填弹药

现代舰炮

现代舰炮基本都具有高射和平射两种战斗性能,而且大多都配备了雷达、指挥仪等先进设备,使舰炮朝着轻型自动化、高射速以及大威力和远射程的方向发展。

▶ MK45 型舰炮重量仅有 22.5 吨,操作人员减少到 6 名,简化了结构。

MK45 型舰炮

扬长避短

　　因为 MK42 型舰炮存在笨重、自动化程度低、可靠性低等缺点，所以在设计 MK45 型时，重点是减轻重量、提高可靠性、易于维修、减少操作人员。研制成功的 MK45 型舰炮重量仅有 22.5 吨，操作人员减少到 6 名，简化了结构。

知识小笔记

　　MK45 型舰炮采用吹气系统方式，在发射后开栓的瞬间将膛内的残留气体和残渣自炮口处吹出。

Mode4 型舰炮

　　MK45 最新型号 Mode4 型舰炮炮管长度从原来的 54 倍加长至 62 倍，部分结构改由更坚固的材料制造。为减小雷达反射面积，炮塔进行了隐身设计，整个炮塔外形棱角分明，隐身性能有较大改善。

MK45 家族的 Mode4 型舰炮

坦　克

　　坦克在炮声隆隆的战场上口吐火舌、横冲直撞、左冲右突的场面留给我们的印象非常深刻。它在第一次世界大战中初露锋芒，第二次世界大战中称雄战场。这种集火力、机动、防护力于一身的现代化兵器，在战争中获得了"陆战之王"的美称。

坦克的鼻祖——"马克"I型坦克

"马克"I型坦克是人类历史上第一种投入实战的坦克。"马克"的出现，改变了血肉横飞的战争模式，将第一次世界大战中传统的阵地壕沟战变成了无聊的游戏，也将人类彻底带入了一个机械化战争的时代。

记者的发明

第一次世界大战期间，英军新闻记者斯文顿目睹了英法联军被德军严密火力大量杀伤的惨状。于是，他设想在拖拉机上安装钢甲和枪炮，使之成为能够跨越堑壕、不怕枪弹的进攻型战斗车辆。这个创意导致了"马克"I型坦克的问世。

知识小笔记

"马克"I型坦克车体两侧装有2个大型履带架，呈菱形轮廓的外形看上去很像一个大蝌蚪，圆圆的身体后面拖着两个导向轮，活似蝌蚪的尾巴。

拖拉机变坦克

早期的坦克就是在美国产的"布劳克"拖拉机上加装一对加长的拖拉机履带，把锅炉钢板钉在角铁架上，做成一个长方形的箱子，然后把箱子安装在拖拉机上，这样就做成了坦克。

最早的坦克

名字起源

"马克"Ⅰ型坦克研制的最后阶段，斯文顿说服了陆军部与海军部共同进行研制。当时为了保密，战车零部件的箱子上都写着"TANK"（意为"水柜"，音译"坦克"），后来"坦克"的名字沿用至今。

→"马克"Ⅰ型坦克

索姆河大显神威

在 1916 年的索姆河战役中，英军的 32 辆"马克"Ⅰ型坦克以每小时 6 千米的速度向铁丝、堑壕密布的德军阵地开进，并向因恐慌而四散逃命的德军士兵喷吐着火舌，很快就突破了德军防线。

大师手笔

世界上第一辆比较像坦克的战车，出自意大利文艺复兴时期著名的画家达·芬奇之手。他在古罗马的一种塔式战车基础上改良出龟形"坦克"。

涂上了迷彩的英国"马克"Ⅰ坦克

"雷诺"——FT-17 轻型坦克

法 国是继英国之后世界上第二个研制坦克的国家。1917 年 9 月，法国研制的首批坦克开出了厂门，并正式定名为"雷诺"FT-17 轻型坦克。这种坦克成为坦克发展史上一个重要的里程碑，确立了坦克的基本形态，为坦克的顺利发展开辟了道路。

第一种旋转炮塔

"雷诺"FT-17 是由法国路易·雷诺于 1917 年发明的，它是世界上第一种与现代坦克相似，并具有 360°可旋转炮塔和弹性悬挂装置的坦克。同时，它也是当时世界上性能最好的坦克。

FT-17 被著名历史学家史蒂芬·扎洛加称为"世界第一部现代坦克"。

协同作战

"雷诺" FT-17 参加的第一次战斗是 1918 年 5 月 31 日的雷斯森林防御战。这次战斗中，法军出动了 21 辆 "雷诺" 坦克，用作支援步兵作战，取得了很好的战绩。

◄FT17坦克的爬坡能力极为出众，可以爬上45度的斜坡，这比现代的坦克30~35度的爬坡度还要大很多。

知识小笔记

FT17 坦克是唯一一种参加了两次世界大战的坦克。尽管它在一战中表现不俗，但在二战中它性能上的落后暴露无遗，遭到德国军队的重创。

全球瞩目

"雷诺" FT-17 后来被 20 多个国家购买，至第一次世界大战结束时，共生产了 3 187 辆，成为当时世界上装备数量与装备国家最多的坦克。我国也曾引进一批 "雷诺" 坦克，并在抗日战争中使用。

◄FT-17是第一个采用引擎、战斗室、驾驶舱各以独立舱间安装的设计，这样的设计让引擎的废气与噪音被钢板隔开，改善士兵作战环境。

家族精品——"虎"1坦克

"**虎**"1坦克是 Pzkpfw V "黑豹"中型坦克的后继车型,所以它的全称是 Pzkpfw VI "虎"1重型坦克。它有着结实的装甲和强大的火力。尽管"虎"1坦克只生产了1355辆,但它在二战中的出色表现却是同时期其他坦克无法企及的。

知识小笔记

"虎"1坦克最致命的是它的后部装甲板很薄。盟军坦克一般就利用它的这些弱点,实施机动,绕到它的背后攻击。

"虎"的威慑

1944年7月,一辆德军的"虎"式坦克在3900米的距离摧毁了一辆 T-34 坦克,可见其火力之猛。"虎"式坦克对盟军的坦克手来说具有很大的心理威慑,连美军 M4 "谢尔曼"坦克也害怕与它遭遇。

坦克中的精品

"虎"1坦克的制造工艺非常精湛,堪称坦克中的精品。它的所有部件都坚固而密合,且钢板焊接紧密,外表光滑,连英国将军蒙哥马利也对缴获的"虎"1坦克赞不绝口。既然有如此好的工艺作保证,性能自然也非常优越。

"虎" 1 坦克是德军在第二次世界大战中使用的一种设计成功、威力巨大的经典坦克。

大发"虎"威

1945 年 1 月，一辆 "虎" 1 坦克拖住了美国第三装甲师一个小时，并且在身中 47 发炮弹的情况下，摧毁了美军 17 辆 "谢尔曼" 坦克和 8 辆被盟军称为 "驯虎师" 的 M26 "潘兴" 坦克。战后，美军师长咬牙切齿地说："那个东西干掉我一个连！"

强大的研发能力

"虎" 1 坦克是德国在第二次世界大战期间为对付前苏联 T-34/85 中型坦克而研制。在短时间内可以制造出如此优秀的武器，这足以证明德国强大的工业基础和研发能力。

二战中最好的坦克——T-34坦克

第二次世界大战期间,总体设计最优秀的T-34坦克,拥有出色的防弹外型、强大的火力和无与伦比的可靠性。它也是前苏联唯一可以有效对抗德国装甲兵的坦克。

重要角色

T-34在坦克发展史上占有重要的地位,为现代坦克的设计思想打下了基础。第二次世界大战中,各型T-34生产总量超过50 000辆,远远超过所有德国坦克的总和。

◆T-34/76A坦克于1940年生产115辆,并将一部分派往芬兰实战试验,但未能来得及参加战斗。

▼T-34坦克

● 长身管的 76.2 毫米的加农炮使它的火炮威力大增

● T34坦克的装甲采用了倾斜装甲,尤其是车首的装甲用的是 40 毫米钢板,并呈 60 度倾角,增强了防御能力。

● 低矮的炮塔利弊各半

库尔斯克战役

1943 年,在苏德战争中,苏军为打败德军大规模进攻,在库尔斯克实施了一次防御战役。虽然苏军的 T−34 坦克在火力和装甲防御能力上比德国的"虎" 1 和"黑豹"稍弱,但苏军的坦克兵从德军的后侧发起攻击,最终取得了战役的胜利。

T−34 危机

T−34/76 于 1941 年 6 月 22 日在白俄罗斯格罗德诺首次参战,在此后一系列战斗中,德军竟找不到可以与之抗衡的坦克,被迫推出更新型的坦克以应付局面,这就是"T−34 危机"。

绝笔之作

T−34 坦克是前苏联著名设计师科什金呕心沥血的杰作。科什金因患肺炎病逝,最终没能看到绝笔之作的精彩表现,他的助手莫罗佐夫接替了他的工作,于 1940 年 6 月完成了 T−34 坦克的设计图纸,随即投入大批量生产。

知 识 小 笔 记

二战后,苏军 T34 坦克直到 20 世纪 50 年代才被 T55 取代。此外 T34 也装备了很多国家的军队。

"世界坦克"——"谢尔曼"M4 坦克

美 国的 M4 中型坦克是第二次世界大战中后期的著名坦克,也是当时生产数量最多的坦克之一,总生产量达 49 234 辆。它在第二次世界大战后期的坦克战中,发挥了极大的作用,因而占有重要的历史地位。

"两兄弟"

美国于 1940 年开始进行新型坦克的研制工作。军方要求将 75 毫米火炮装在旋转炮塔上,1941 年定型并被命名其为"谢尔曼"M4 中型坦克。M4 坦克与 M3 坦克几乎同时开始研制,被称为"两兄弟"。

综合性能强

M4 与 M3 有许多相似之处,它们最大的区别在炮塔上。M3 坦克火炮装在炮座内,而 M4 坦克的火炮装在旋转炮塔上,不仅可以提高火力的灵活性,而且有利于提高坦克的防护性能。因此,M4 坦克的综合性能远远高于 M3 坦克。

知 识 小 笔 记

1945 年春,美军有 16 个装备 M4 中型坦克的装甲师参加了对柏林的总攻,"谢尔曼"M4 坦克是世界反法西斯战争胜利的功臣之一。

庞大的家族

M4 坦克的型号非常多，仅美国官方公布的 M4 系列改进型车、变型车、实验型车就不少于 50 种，构成了庞大的"谢尔曼"家族。

→ "谢尔曼" M4 中型坦克

遍布全球

第二次世界大战后，许多从美军退役的 M4 坦克成为一些中、小国家军队的主力坦克，"谢尔曼"遍及世界各地。直到今天，它仍在某些国家发挥着作用。

→ 1942 年初，M4 坦克正式参战。由于它在战场上的出色表现，很快赢得坦克手们的青睐。接下来的一年，美国就生产各型坦克近 3 万辆，其中 M4 "谢尔曼"坦克占相当大比重。

步兵保镖——"邱吉尔"步兵坦克

步兵坦克就是用于伴随步兵作战,提供掩护和火力支援的坦克类型。"邱吉尔"步兵坦克是第二次世界大战中英国生产数量最多的一种坦克,总生产量达 5 640 辆。它诞生于 1941 年,并以当时英国首相邱吉尔的名字来命名。

防护性能好

"邱吉尔"步兵坦克共有 18 种车型。该坦克的装甲比较厚,与第二次世界大战期间的其他坦克相比,防护性能较好。"邱吉尔"步兵坦克于1941~1952 年间在英军服役,爱尔兰、印度和约旦等国也装备过。

步兵一样的速度

"邱吉尔"坦克和其他步兵坦克一样,行驶速度比较慢,最大速度仅为每小时 25 千米,几乎与步兵的速度相当,难怪人们称其为步兵坦克。

多轮坦克

"邱吉尔"步兵坦克最有特色的地方就是行动装置。它采用了小直径轮子，庞大的车体每侧有 11 个轮子。这种设计造价低、结构简单、易于生产，即使个别轮子被击毁也能继续行动。不过，轮子太小也会在行驶过程中带来一些麻烦。

▲ "邱吉尔"步兵坦克

恪守传统

步兵坦克不要求高速度，反坦克火力也不强，但是具有很厚的装甲，要求能够抗击敌方的反坦克火力。自第一次世界大战后，英国一直将"步兵坦克"作为主要战斗武器，直到第二次世界大战结束后才完全放弃。"邱吉尔"坦克是英国最后一种步兵坦克。

知识小笔记

"邱吉尔"步兵坦克的装甲防护能力非常好，炮塔正面装甲厚度超过 100 毫米，防护水平大大超过了德国的"虎"式坦克。

▲ "邱吉尔"步兵坦克是最有特色的就是行动装置。

逆境而生——"巴顿"M48 主战坦克

主战坦克就是在战场上担负主要作战任务的坦克。"巴顿"M48 主战坦克生产量达 11 703 辆,除美军外,还装备了希腊、伊朗等近 20 个国家的部队,参加过朝鲜战争、越南战争和第三次中东战争。

"T-34 危机"的产物

由于朝鲜战争中受苏制 T-34 坦克的威胁,美国决定研制新型坦克 T48。但因为生产匆忙,T48 存在的问题很多,随后不得不专门设立改装厂来修改。1953 年 4 月,美国陆军将 T48 坦克列入装备,改称 M48 坦克。

→M48 坦克

↑M48 系列坦克采用整体铸造炮塔和车体,车体前部是船形的,内有焊接加强筋,车体底甲板上有安全门。

家族成员

M48 系列坦克生产车型包括 M48、M48C、M48A1、M48A2、M48A2C 等。除此之外，M48 坦克还被改装成喷火坦克、装甲救护车、架桥车、扫雷车等。

▶ M48 坦克无需准备即可涉水 1.2m 深，装潜渡装置潜深达 4.5m。

名将与名车

许多国家都喜欢用著名将领的名字来给坦克命名，以示纪念。如法国的"勒克莱尔"坦克，美国的 M26 称为"谢尔曼"坦克，M46、M48、M60 均称为"巴顿"坦克，M1 称为"艾布拉姆斯"坦克等。

知识小笔记

二战时巴顿受命组建一个装甲旅，从此与装甲结下了不解之缘。巴顿部队曾在 9 个月中歼敌 140 余万，取得了惊人的战果。

▶ "巴顿" M48 主战坦克

装甲防护

M48 系列坦克采用整体铸选成型车体，车头和车底都采用船身的圆弧形，炮塔呈圆形，不同部位的装甲厚度从 25~120 毫米不等，因此具有相当强的装甲防护能力。

"一代名车"——M60 主战坦克

名 副其实的"一代名车"M60 坦克,既是世界上最早装备部队的主战坦克,也是西方目前装备最多的主战坦克。它是美国陆军 20 世纪 60 年代以来的主要制式装备,包括 M60、M60A1、M60A2 和 M60A3 四种车型。

研制生产

M60 坦克于 1956 年开始研制,1960 年开始由克莱斯勒公司的底特律坦克工厂生产。总生产量达 1.5 万多辆。除美国使用外,还出售给奥地利、埃及、以色列等国。M60 采用了新的 105 毫米火炮、改进型火控系统和柴油机等。

知识小笔记

第三次中东战争中,M60A1 型坦克在与苏制 T54、T55 的对抗中,由于火炮性能较好,在坦克战中处于上风。

M60 主战坦克

无法体现真实战斗力

海湾战争中，M60A3 坦克曾投入战斗。由于在地面作战阶段伊军难以组织有效的反坦克作战，所以无法检验其真实水平。此外，它与 M1 系列坦克相比不占优势。因此，M60A3 在海湾战争中的表现不足以代表它的真实战斗力。

→ 行进中的 M60A2 坦克

致命缺陷

M60 系列坦克存在两个致命缺陷：一是炮塔靠液压系统工作，命中弹丸的冲击力易将液压管打漏，极易起火爆炸；二是坦克油、弹存贮部位间距较小，命中后易引起连锁反应，造成车毁人亡。

名车经典

目前世界上最典型的主战坦克有前苏联的 T-72、T-80，美国的 M1A1，德国的"豹"Ⅱ，英国的"挑战者"，日本的 90 式和以色列的"梅卡瓦"等。

→ M60A3 在沙滩中行进

"艾布拉姆斯"——M1 主战坦克

> "艾布拉姆斯"M1 主战坦克是美国现役武器中最高性能的主战坦克,设计于20世纪70年代,是美军为了与数量庞大的前苏联坦克相抗衡而研制的,可以说是典型的冷战时期的产物。

特种装甲

M1 主战坦克的特种装甲给人们留下了非常深刻的印象。它是由钢和其他材料组成的"三明治"式结构,可以抵御具有强大穿透力的破甲弹。

→1976 年初经过测试与评估,最后,克莱斯勒公司的设计被选中。为纪念第二次世界大战中著名的装甲部队司令格雷夫顿·W·艾布拉姆斯将军,于是就把该坦克命名为"艾布拉姆斯"主战坦克。

先进武器装置

M1 坦克比以前的 M60 系列坦克的行驶速度更快。它不像早期的坦克那样用装甲铸造法制造装甲外壳,而是用扁平的装甲部件焊接而成。此外,它还装有先进的火控系统和防原子、防化学、防生物武器装置。

美国 M1A1"艾布拉姆斯"主战坦克机动性好,速度快,可在 1 500~2 000 米处发现目标并先开火。

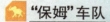

"保姆"车队

M1 是世界现役坦克中唯一采用车载燃气轮机作为主发动机的坦克。在海湾战争中，M1 坦克群后面常跟随着长长的加油车队，以防止坦克燃料耗尽。M1 坦克发动机的性能良好，只是采用车载燃气轮机，相应的费用比较高。

行进中的 M1A1 坦克

贫铀装甲

美国于 1987 年研制出贫铀装甲并装到了新型 M1A1 主战坦克上。这种新装甲的密度是钢装甲的 2.6 倍，经过处理后，强度可提高到原来的 5 倍，提高了坦克的防护能力。

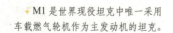

M1 是世界现役坦克中唯一采用车载燃气轮机作为主发动机的坦克。

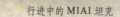

长身"怪兽"——T-80 主战坦克

俄罗斯 T-80 主战坦克于 1976 年定型并服役，至 1987 年中期约有 2 200 辆装备部队。该坦克装有激光测距仪和弹道计算机等先进的火控部件。T-80M1989 是 T-80 的变型车，它不再采用燃气轮机而是采用柴油机。

不断进步

T-80 坦克初期车型由于采用过多新技术，造成可靠性能差，尤其是耗油巨大的燃气轮机，据说寿命只有 500 小时。1978 年推出的 T-80B，已经解决多数问题，性能趋于稳定，成为前苏联 20 世纪 80 年代的装甲主力。

全方位防护

T-80 车体由钢板焊接而成，重要部位安装有陶瓷复合装甲。T-80 仍采用前苏联传统的铸造炮塔，炮塔前部装有反应式装甲，可对付顶部攻击武器。此外，T-80 配备了集体防护装置，具有良好的三防能力。

知识小笔记

T-80 坦克的火控系统更先进，配备先进的激光测距仪和弹道计算机，但仍采用主动红外夜视仪，因此夜战能力比同时期的西方坦克差。

T-80 坦克的总体布置与 T-64 主战坦克相似，驾驶员位于车体前部中央，车体中部是战斗舱，动力舱位于车体后部。

▲ T-80 坦克

🐂 激光报警装置

　　T-80 坦克安装着激光报警装置，可以根据敌军的激光测距仪、激光指示器或激光精确制导装置发出的激光做出反应，并迅速发出报警信号。在指挥型 T-80 坦克的炮塔顶上还装有激光指示器。

🐂 长长的身体

　　T-80 坦克安装有一台燃气轮机，它是前苏联第一种采用燃气轮机的主战坦克。因为燃气轮机的体积和耗油量比较大，所以 T-80 的车体要比其他坦克长。

陆地"乌贼"——T-90 坦克

俄罗斯T-90坦克是一种新型主战坦克，堪称俄罗斯陆军最先进的陆战装甲装备。它是典型的组合式坦克，采用T-72坦克的炮塔，T-80的底盘，只有整个火控系统是独立研制的，并安装了主动防御系统。

▲T-90 坦克

名字由来

T-90主战坦克在研制初期也是T-72的一种改进型，但由于使用了T-80的先进技术，且综合性能有相当大的提高，因此被重新命名为T-90。

告别"恐黑症"

俄罗斯早期的坦克有害怕夜战的弱点，T-90坦克改进了这一缺点。它的车身和炮管上都装有可以搜索、发现和指示目标的仪器，夜间的最大有效视距可达3 700米。因此，T-90在夜间也可以发挥正常的战斗水平。

以前，俄罗斯的坦克一向有怕夜战的弱点，而T-90坦克改正了这一缺点，其坦克的车长和炮长都拥有各自的全景稳定式热像仪。

"烟幕弹"

T—90坦克的炮塔顶端装有特殊的激光报警装置,一旦发觉坦克被激光束照射,就会引导发射榴弹,3秒钟之内便会产生可以持续20秒的悬浮烟幕,就好像乌贼遇到危险时放的"烟雾弹"一样,使敌方的导弹失去攻击目标。

▶T90 坦克发射的悬浮烟幕

改进和提高

T—90坦克自从1994年开始小批量生产并装备俄罗斯陆军起,就在不断改进和提高。目前,它至少已有两种变型车,即T—90E和T—90C,估计未来还会有新的改进型出现。

▶T—90坦克装备的热像仪具有搜索、发现和指示目标的能力。在夜间,最大有效视距可达3700米,所以它又被称之为"午夜幽灵"。

火力之最——"豹"2坦克

豹 是一种猛兽,反应敏捷,奔跑速度快,捕杀能力强。德国"豹"2式坦克不仅坐拥其名,更兼具其实。它凭借着优异的性能、良好的可靠性,从1998年以来,一直占据各种《世界坦克排行榜》首位,是世界现役主战坦克中综合性能最优秀的一种。

火力之最

　　"豹"2坦克使用的火炮是一门120毫米的滑膛炮,这种炮一出现就成为坦克炮中的经典之作。后来,人们对该炮进行了改进。"豹"2A6坦克安装了最新型120毫米炮,在常温下可以轻松穿透900毫米的钢甲,创下了现役坦克的火力之最。

夜间作战

　　为了提高坦克的夜间作战能力,20世纪70年代以后的坦克普遍采用了微光夜视仪和微光电视等。"豹"2坦克首先装载了热像仪,所以在黑暗中或雾中同样能发现敌人并进行攻击。

知识小笔记

　　"豹"2坦克装有目前世界上功率最大的发动机,使它具有较好的加速性能,从零加速到32千米/小时仅需7秒。

"豹"2A6坦克

• 车体和炮塔均采用间隙复合装甲

• 德国在 20 世纪 90 年代开始实施"豹"2 坦克的改进计划

• "豹"2 坦克炮塔外轮廓低矮，防弹性好

重整旗鼓

　　"豹"2A5 是"豹"2 坦克的改进型，最初是为英国陆军"挑战者"坦克的替代计划研制的，但却败给了新型"挑战者"2 坦克。不过，"豹"2A5 坦克并没有气馁，它经过改进后在瑞典新型坦克竞争中赢得了胜利。

人性化设计

　　"豹"2 坦克是西方最早使用复合装甲的主战坦克之一。该坦克的设计把乘员的生命安全放在 20 项要求的首位。最新型的"豹"2A6 坦克由于安装了楔形复合装甲，所以在防御性能方面十分占优势。

• 德国陆军"豹"2A6M

高度智能化——"豹"90式坦克

日本"豹"90式坦克是该国研制的第三代主战坦克,于1990年定型,故命名为90式坦克。它是日本第一种完全安装了稳定自动装弹机的坦克,拥有优秀的火控系统。

吸取精华

90式坦克应用了很多现代化的顶尖技术,在火控和车辆电子系统方面,它甚至比法国"勒克莱尔"、德国"豹"2A5和美国M1A2还要先进。

→日本"90"式坦克

日本"豹"与德国"豹"

日本"豹"90式坦克与德国的"豹"2坦克有很多相似的地方。除外型之外,它的主炮与"豹"2相同,都是RH120式120毫米加农炮。90式坦克与"豹"2不同的是,有一部自动装弹机。

→采用自动装填机是日本90式坦克的一大特色,这可以节省人力,使成员减少至3名。这种自动装填系统由日本三菱重工所研发,采用带装弹舱设计,利用链带来带动或选取弹舱内的炮弹。

▲ 90 式坦克采用了许多的现代化顶尖技术，在火控和车辆电子系统方面，它比法国"勒克莱尔"、德国"豹"2A5 和美国 M1A2 还要先进。

🐾 自动装填装置

　　采用自动装填机是日本 90 式坦克的一大特色，可以节省人力，使乘员减少至 3 名。这种自动装填系统由日本三菱重工所研发，采用带装弹舱设计，利用链带来带动或选取弹舱内的炮弹。

🐾 神奇的火控系统

　　90 式坦克的火控系统高度智能化，不但具备自动目标跟踪能力，而且还有目标识别、排序以及将威胁按优先顺序排列的神奇功能，所以 90 式坦克具有准确的首发命中率。

➤ 90 式坦克采用自动装填机可以节省人力，使乘员减少至 3 名。

军用飞机

　　军用飞机是各个国家空军作战的主要兵器，它的生产和发展水平也是衡量一个国家空军实力强弱的标准。现代军用飞机分为战斗机、侦察机、预警机、轰炸机、直升机、运输机、电子战机、空中加油机等几种类型。

"间谍幽灵"——U-2 侦察机

美国于 20 世纪 50 年代研制成功的 U-2,是一种专用远程高空侦察机,被称作"间谍幽灵",它是当时世界上最先进的空中侦察机。U-2 的全身被涂成黑色,可以飞行在 2 万米以上的高空。

臭鼬般的进攻方式

U-2 飞机是由美国洛克希德·马丁飞机制造公司下属的"臭鼬"工厂研制。它在高空执行任务时,如果遇到导弹攻击,就会释放电子干扰信号,使导弹偏离方向。这种进攻方式的确和臭鼬十分相似。

◆U2 侦察机驾驶员座舱

高空中的无奈

U-2 飞机飞得如此之高,以至于在空气稀薄的高空,发动机常常会因为缺氧而熄火。为了让飞机重新发动,飞行员不得不把飞机降到可以给发动机提供足够氧气的高度。

U2 凭借其广阔的拍摄范围和极高的拍摄速度,只要飞行 12 次,足可以拍摄到全美国的各个角落。

● U-2 的命运并不像人们对它所期待的那样完美，前后共有 7 架 U-2 飞机被打了下来，成为被击落最多的侦察机。

U-2 的绝技

作为一种间谍飞机，U-2 有两个绝技：一是飞得高，不仅超过世界上任何一种战斗机的飞行高度，甚至超过了一般地空导弹的射程；二是谍报本领强，它不仅可进行照相侦察，还可以进行电子侦察。

知识小笔记

1964 年美国总统正式宣布有了"黑鸟"之后，美国空军获准用它来创造各种飞行纪录。在"黑鸟"服役期间，曾多次刷新纪录。

● U-2 飞机除了可拍摄地面景物以外，还可以捕获其飞行区域的无线电信号。

● U-2 飞机从外形看最大的特点就是它那一双宽阔的双翼，它是飞机稳定飞行的可靠保证，是以牺牲巡航速度和机动性为代价的。

● 该机只要飞行 12 次，凭借其广阔的拍摄范围和极高的拍摄速度，足可以拍摄到全美国的各个角落。

● 如今，由于卫星技术的发展，U-2 飞机已难有用武之地，大部分已被转到美国太空总署(NASA)，从事民用方面的研究。

不负使命

1962 年 8 月，美国当局获悉前苏联可能在古巴建立了地对空导弹阵地，中央情报局立即派出 U-2 进行核实。最终，U-2 不负使命，在古巴西部侦察到了前苏联正在修建的核导弹基地。

"黑鸟"——SR-71 侦察机

"**黑**鸟"是美国空军的高空高速侦察机。它的外型非常奇特,远远看去很像一只凌空飞翔的"黑天鹅"。因此,人们送给它一个绰号——"黑色的怪鸟",简称"黑鸟"。

高额的出场费

"黑鸟"的油箱一次可盛油 36 300 千克,但升空后很快就会被两台发功机消耗殆尽。因此,它在空中活动时,至少需要 3 架加油机提供空中加油。连同其他费用,"黑鸟"出去活动一次至少耗资 1 800 万美元。

◂ SR-71"黑鸟"侦察机

空中神话

"黑鸟"侦察机是世界上飞得最快的军用飞机。声音的传播速度每小时达 1 000 多千米,而"黑鸟"的最快速度可达每小时 3 529 千米。因此,除非"黑鸟"没有防备,否则要用空对空导弹打下"黑鸟"几乎是不可能的。

快，是"黑鸟"的最大
特长。

奇特的外型

"黑鸟"全身呈黑色，两个三角形的翅膀横插在机身的尾部。两台大功率发动机嵌在翅膀中间，每个发动机上还高高撅起个"小尾巴"。由于翅膀装地比较靠后，因此，它那细长的前机身很像长长伸出的"脖子"。

飞行员的太空服

SR-71飞行时有两名成员：飞行员和系统操作手。由于SR-71的飞行高度和速度都超出人体可承受的范围，所以两名成员必须穿着全密封的飞行服，外观看上去与宇航员类似。

SR-71"黑鸟"是美国空军所使用的一款三倍音速长程战略侦察机。

"铆钉"——RC-135 侦察机

"**铆**钉"是美国空军最先进的战略电子侦察机之一,它被视为 21 世纪最重要的侦察工具。RC-135 自问世以来已经有多种改进型,分别用于信号情报、电子情报和弹道导弹情报的侦察。

远程侦察

RC-135 擅长在目标国沿海地区实施侦察行动。它在执行侦察任务时最大的优势就是无须进入敌国领空或者过于贴近敌国领空活动,可以在公共空域进行侦察活动。

雷达系统

RC-135 机上有 27 名电子侦察操作人员分别负责雷达、通信和照相侦察三大系统。其中，雷达侦察系统可以收集预警、制导和引导雷达的频率等技术参数，并进行定位。世界上各种雷达参数都在其测量范围内，测量精度非常高。

"侦察是我的生活，危险是我的业务"

RC-135 属美空中战斗司令部下属的第 55 侦察机联队，该联队驻扎在美国的奥福特空军基地。因此，RC-135 飞机机尾都有 OF 字样。该机的标徽除有表示 RC-135 侦察机的图案外，还写有这样一句话："侦察是我的生活，危险是我的业务。"

知识小笔记

RC-135 战略电子侦察机是在 KC-135 加油机的基础上改装而成的，1964 年开始制造并装备美军，主要用于搜集雷达性能、制导、通信及辐射等数据。

千里眼

RC-135 上装有红外探测器和前视雷达，探测距离达 238~370 千米，可在 360 千米内分辨出 3.7 米长的物体。

"全球鹰"——RQ-4A 无人机

"**全**球鹰"是名扬世界的高空长航时无人侦察机,也是全世界最先进的无人机。它的飞行控制系统采用了 GPS 全球定位系统和惯性导航系统,可以自动完成从起飞到着陆的整个过程。

技术先进

"全球鹰"无人机的控制系统十分先进。操作时,只要把飞行路径信息数据输入机上计算机,它就能自主飞行,并在 GPS 定位系统的帮助下准确到达目的地。此外,"全球鹰"还装置了先进的电子侦察系统。

知识小笔记

"全球鹰"一天之内可以对约 13.7 万平方千米的区域进行侦察,经过改装可以连续飞行 6 个月,只需 1~2 架就可以监控整个国家。

RQ4A "全球鹰"无人机

摔出来的"全球鹰"

"全球鹰"研制计划于 1994 年启动,首架原型机在 1998 年完成首次飞行。它刚问世那几年情况非常不好,坠毁事件接二连三,一直与灾难相伴。当时美国共造出 7 架原型机,其中有 4 架因各种原因坠毁。

RQ-4A 在 2001 年 4 月进行的飞行试验中,达到了 19850 米的飞行高度,并打破了喷气动力无人机续航 31.5 小时的任务飞行记录。这项记录曾被保持了 26 年之久。

↑"全球鹰"有效载荷只有 900 千克,携带装备的能力非常有限。

 越洋创举

"全球鹰"在 2001 年完成了从美国到澳大利亚的越洋飞行创举。在这之前,即便是有人驾驶的飞机,也只有少数几架能跨越太平洋。

最昂贵的无人机

"全球鹰"是美军最昂贵的无人机。原预计它的单价为 1 530 万美元,但后来因为不断增加成本,并且使用了先进的感测器系统,导致单价猛升到 3 700 万元,涨幅惊人。

技高一筹

"全球鹰"在 2001 年 4 月进行的飞行试验中,飞到了 19 850 米的高度,打破了喷气动力无人机持续航行 31.5 小时的飞行记录。那项记录曾被保持了 26 年之久。

● "全球鹰"机载燃料超过 7 吨,最大航程可达 25945 千米,自主飞行时间长达 41 小时,可以完成跨洲际飞行。可在距发射区 5556 千米的范围内活动,可在目标区上空 18288 米处停留 24 小时。

● 罗尔斯·罗伊斯 AE3007 发动机

● "全球鹰"的地面站和支援舱可使用一架 C-5 或两架 C-17 运送,"全球鹰"本身则不需要空运,因为其转场航程达 25002 千米,续航时间 38 小时,能飞到任何需要的目的地。

"阿帕奇"——AH-64 直升机

"**阿**帕奇"战斗直升机是美国陆军航空兵的主力装备,也是世界上最先进的现役武装直升机。它是美国第二代专用武装直升机,也是美国最早具有昼夜作战能力的武装直升机。

名副其实

阿帕奇是印第安传说中的一位勇士,他骁勇善战。给 AH-64 起名"阿帕奇",希望它能成为战场上的空中霸主。

▲AH-64 的飞行速度很快

▲AH-64"阿帕奇"武装直升机的 30 毫米机炮

知 识 小 笔 记

"全球鹰"一天之内可以对约 13.7 万平方千米的区域进行侦察,经过改装可以连续飞行 6 个月,只需 1~2 架就可以监控整个国家。

▲AH-64"阿帕奇"直升机

挖"眼"行动

海湾战争期间,伊拉克用于探测入侵战斗机的两座雷达阵地对盟军的轰炸造成了很大麻烦。美军决定派"阿帕奇"去挖掉这两只"眼睛"。接到命令 10 秒钟后,"阿帕奇"向目标发起进攻,那两座雷达阵地不久便成为一片废墟。

● 阿帕奇有着极强的生存能力，就是螺旋翼被炮弹击中也可以安全返航。

● AH-64座舱采用纵列式布局，副驾驶员兼炮手坐在 前舱，正驾驶员坐在后舱，后座比前座高出483毫米，这样的布局给正、副驾驶员提供了良好的视界。

● 76枚70毫米对地攻击火箭

● 可挂载16枚"海尔法"导弹

🐎 聪明的攻击者

"阿帕奇"的飞行速度很快，可以贴近地面低飞，并能充分利用地形或地面物体做掩护，用最快的速度接近敌方，然后发射炮弹、火箭弹和导弹。它进攻完毕后，会迅速隐蔽，使敌方的地面防空炮火很难击中。

⚡"阿帕奇"飞机在各种速度和高度条件下都具有夜视能力，可以实现贴地飞行。

🐎 制胜利器

"海尔法"重型反坦克导弹是"阿帕奇"直升机的制胜利器，主要用于远距离攻击坦克、装甲车辆和其他地面目标。"海尔法"导弹可以跟进攻击目标反射的激光，直到击中为至。

"科曼奇"——RAH-66 直升机

"**科**曼奇"是美军研制的又一种性能优异的武装直升机，它是用高技术打造的又一空中利器。同"阿帕奇"一样，"科曼奇"的名字也是来自印第安人的名字，代号为 RAH-66，其中 R 表示侦察，A 表示攻击，H 表示直升机。

"隐身杀手"

"科曼奇"最大的特点是有非常强的隐身能力，它的隐身招数集中了当今隐身技术的精华，被称为"隐身杀手"。

→RAH-66

知识小笔记

"阿帕奇"机载电子设备及火控设备齐全，具有较高的全天候作战能力。它的生存能力也极强，即使螺旋桨被炮弹击中也可以安全返航。

便于保养

便于保养是 RAH-66 的另一个突出特点。它比新一代武装直升机的飞行控制系统少用近 2 000 个零件，保养工具只需 50 种，而其他直升机需要 150 种以上。此外，"科曼奇"只需 30 件地面支援装备，是目前武装直升机的 1/10。

▲RAH-66 "科曼奇"

🐅 霸王梦破灭

  美国陆军于 2004 年宣布取消"科曼奇"直升机的研制计划。该决定使这一价值 390 亿美元、历时 21 年的庞大计划草草收场。曾被誉为"21 世纪低空霸王"的"科曼奇"还未面世，就因为耗资巨大、不适应现代化战争的需要而夭折。

▲RAH-66 的两台发动机基本上独立工作，当一台发动机作战损伤时，不会影响到另一台的工作。只要有一台发动机工作，直升机就可以保证返航。

● 机首部分的双管式机枪对低空射击每分钟能发射 1500 发子弹，对地面射击每分钟能发射 750 发子弹，如同密布的弹雨。

● 为了隐身，科曼奇的雷达天线做成了小小的蘑菇状，最大限度地减小反射。

● 机身采用了类似 F-117 的多面体圆滑边角设计，减少直角反射面，并采用吸波材料。

● 当 RAH-66 以 12.8 米/秒的垂直速度坠地时，飞行员座椅可保证其生命安全，概率为 95%。

"雷电"——A-10 攻击机

"雷电"的模样看起来并不像它的名字那么凶悍，但它是当今世界上最完美的攻击机之一。A-10 是由美国研制的空中支援攻击机，主要用于攻击坦克群和战场上的活动目标及重要火力点。

穿着"防弹衣"

A-10 的驾驶舱周围有一圈 3.8 厘米厚的防弹装甲，把座舱完全保护起来，以抗击地面火力的攻击。此外，它的机身腹部有 5 厘米厚的钛合金装甲，23 毫米口径以下的地面火力根本无法击穿。

▲ A-10 攻击机

● 两个发动机和垂直尾翼相距较远，以防止同时被炮弹击中，大大地提高了飞机的生存能力。

威力强大

A-10 首次出现在战场就发挥了强大的威力。海湾战争中，曾有一个双机 A-10 编队在一天时间内摧毁了 23 辆伊拉克坦克。A-10 再次出现在实战战场是 2002 年 3 月，它被布置到阿富汗的美军前线基地。

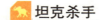
坦克杀手

A-10 全身共有 11 个挂架，可挂炸弹、火箭弹、导弹等。它的机头下方装有 130 毫米的 7 管速射机炮，每分钟可发射 400 发炮弹。A-10 使用的炮弹具有特别强的穿甲能力。

A-10 编队飞行

自相残杀

在一次战斗中，美国海军陆战队的一辆装甲车，被自己的 A-10 攻击机所发射的"小牛"空地导弹击中，7 名海军陆战队队员阵亡。

● 美国空军使用的加油技术为"硬式加油"。在加油过程中，受油机贴近加油机；加油机上的操纵手控制一支硬式加油管，插入受油机加油口，接通后开始加油。

知识·小·笔记

A-10 攻击机是目前美国空军的主力近距离支援攻击机，主要用于攻击坦克、装甲车群和敌方重要火力点。

飞行中的 A-10 攻击机

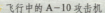

"雄猫"——F－14战斗机

"雄猫"战斗机是由美国研制的一种可变翼高速重型舰载战斗机，它是美国海军的主力舰载作战飞机，也是目前世界上最重的超载战斗机。F－14在美国人心目中的地位非常崇高。

可变换角度的机翼

F－14战斗机的机翼可以变换角度。它的机翼分成两部分，一部分与机身相连，且固定不动。机翼外段能转动，并可变换后掠角度。

▼雄猫F－14的突出特点是机翼可以变换角度

战绩平平

F－14与美国空军F－15相比，可谓战绩平平。不过，这并不是因为 F－14 的性能不佳，而是伊拉克人早已对它所用的雷达了如指掌，只要美国海军的F－14机群一到，所有的伊拉克战机便会马上撤离。

知识小笔记

1991年1月，一架F14战斗机被一枚 SA－2 防空导弹击落，这是"雄猫"战机第一次在战斗中损失，也是唯一的一次损失。

▲F－14尾部的着舰钩

发射不死鸟导弹的 F-14

反串角色

海湾战争中，F-14 一直扮演着空中掩护的角色。1991 年 2 月 6 日，F-14 用"响尾蛇"导弹击落了一架米-8 直升机，这是 F-14 在这次战争中唯一的空战胜利。

F-14 可携带 4 枚"麻雀"Ⅲ。

速战速决

1981 年 8 月 19 日，在地中海南部海域上空，两架 F-14 遭遇两架苏-22 战机。最终，F-14 "后发制人"，将两架苏-22 打得凌空爆炸。这场空战仅用了 1 分钟左右的时间。

正在起飞的 F-14

"雄猫"的魅力

《壮志凌云》是美国人心中的经典美式大片。据说，片中在美妙乐曲中翻滚的战斗机，当时在美国青年中掀起了一股军事热，美国在那年创下了二战后海军入伍报名的最高纪录。那架魅力四射的战斗机就是 F-14 "雄猫" 战斗机。

"战隼"——F-16 战斗机

"**战**隼"最初是美国通用动力公司为美空军研制的轻型战斗机，主要用于空战，是美国空军的主力机种之一。1991 年之后，美国空军对战机的需求量下降，通用公司将 F-16 的生产线卖给了洛克希德丁·马丁公司。

横空出世

为解决 F-15 给美国军方造成的经费压力，美军想研制一种性能比 F-15 要求低、价格便宜的轻型多用途战斗机，与其组成高低搭配。于是，F-16 横空出世，成为美军的"低档配置"。

首次实战

1981 年 6 月 7 日，以色列的 8 架 F-16 战斗机在 6 架 F-15 战斗机的护航下，悄悄地向伊拉克巴格达附近的原子能中心飞去，之后，几十枚炸弹在原子能中心附近爆炸。这是 F-16 诞生以来第一次投入实战。

◄F-16 是世界上第一架在设计上采取空气动力上不稳定的飞机。

明星风范

F—16 的外型据说是从 50 多种设计方案中挑选出来的，非常漂亮，颇有明星风范，美军"雷鸟"表演队曾选用 F—16 作为表演专用机。

腹部进气道

F—16 采用腹部进气道，飞机大仰角飞行或侧滑时，气流稳定，且不会吸入机炮发射时的烟雾。

知识·小笔记

F16 战斗机的尾翼采用复合材料，比采用铝合金材料的尾翼要轻。它还采用翼身融合体设计，使飞机具有良好的机动性。

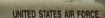 座舱里的秘密

F—16A、F—16C 的座舱是单人空调座舱，为了开阔驾驶员的视界，采用了气泡式座舱盖。F—16B、F—16D 安装了串列式双座舱，两个座舱内装有全套操纵装置、显示装置、仪表、电子设备及救生系统，可供训练和作战使用。

用高技术武装起来的F—16新型战斗机，采用了随控布局技术中的"放宽静稳定度"技术，减小了尾翼的尺寸，改善了飞机的操纵性能，提高了机动性。

"大黄蜂"——F/A-18 战斗机

由于 F-18 舰载战斗机与 A-1 舰载攻击机是在同一原型机的基础发展起来的，即一机两型，而且机体完全一样，只是在武器装备上有差别，所以统称 F/A-18，代号都叫"大黄蜂"。

屡经战火

"大黄蜂"自 1983 年 1 月开始服役就屡经战火考验。在海湾战争中，美军有 148 架"大黄蜂"参战，意大利国防军也出动了 20 多架"大黄蜂"，主要执行对地攻击任务。它在空战中曾击落伊拉克的米格飞机。

表面涂漆含有吸收雷达辐射的材料

F/A-18 战斗机

AIM-7"麻雀"导弹

"小牛"空对地导弹

辅助油箱

方形进气道

"夜鹰"吊舱

辅助油箱

空速管

"小牛"空对地导弹

AIM-9"响尾蛇"导弹

F/A-18 家族

F/A-18 是单座、双发舰载战斗机，有 YF/A-18A/B、F/A-18A、RF-18A、F/A-18B、F/A-18C 和 F/A-18D 等 6 种型别，共生产了 1 137 架，其中 150 架是双座教练型，112 架是侦察型。

夜鹰吊舱

由于 F/A-18 的机身内部空间已满，所以新的电子设备只能挂在机外。美军于 1993 年 1 月开始为 F/A-18 安装一种秘密电子舱，称作"夜鹰吊舱"。它无论白天还是夜间，都能正常进行工作，为飞行员精确地指示轰炸目标。

知识小笔记

F/A18 在挂弹状态下不能安全着舰，所以飞行员在着舰前养成了把武器抛向海中的习惯。一位海军军官说，如此带来的负担简直难以承受。

🐆 可靠性高

F/A-18 的可靠性能非常好，平均故障间隔时间是 F-14 的 4 倍。从 1978 年 11 月首次试飞至 1993 年 9 月 17 日，F/A-18 创下了总飞行时数 200 万小时的纪录。

🐆 引导攻击

F/A-18 的主要缺点是，在执行对地攻击任务时需要依靠其他飞机向自己准备攻击的目标发射激光，照射目标，从而引导自己发射的激光制导武器去攻击目标。这使"大黄蜂"在战斗中受到了很大限制。

"夜鹰"——F-117战斗机

"夜鹰"是世界上第一种可正式作战的隐形战斗机，也是美国空军的"王牌"。该机最大特点是采用了许多隐身技术，所以敌方的雷达很难发现它。F-117的飞行速度不是很快，但它携带的激光制导炸弹却非常厉害，命中率很高。

肩负重任

海湾战争期间，F-117的出动架次仅占多国部队全部战机出动架次的2%，但却攻击了40%的战略目标，而且，它攻击的都是其他飞机无法攻击或难以攻击的目标。

▲F-117战斗机

只会用直尺的设计师

F-117的全身找不到一处曲线和曲面的痕迹，几乎全部由直线和平面组成，连它的机翼和尾翼也都采用了没有曲线的菱形。难怪见过F-117的人都打趣地说："设计F-117的设计师们只会用直尺吧。"

● 全身都涂上了灰黑色的吸收雷达波的涂料。

知 识 小 笔 记

2008年4月22日，美军将现役的最后四架 F117 悄悄飞抵位于内华达州的"沙漠飞机养老院"，封存在一座特殊的水泥机库内。

→F117 的机头正对目标时雷达截面最小。

🐎 隐身绝招

F-117A 的全身都涂上了灰黑色的涂层，这是一种吸收雷达波的涂料，雷达波照射在机身上后会被吸收，只有很少的雷达波会被反射回去。此外 F-117A 还采用了新型的燃料，这种燃料能高速燃烧，又可以快速冷却，避免被红外雷达发现。

🐎 有得必有失

F-117 的设计师们为了增强飞机的隐身性，不得不在其他一些性能上作出牺牲。比如，它的最大速度还没有超过音速，这在当今世界一流战机中几乎是不存在的。另外，它还不具备空战能力。

↗夜鹰 F-117 的武器都装在两个武器舱内，使用时才打开武器舱

→F117 战斗机正在着陆

"猛禽"——F-22 战斗机

标准的第四代战斗机 F-22 主要用于替换美国空军的 F-15 战斗机,在美国空军武器装备发展中占有最优先的地位。美空军于 2002 年正式将 F-22 改名为 F/A-22,确定其制空与对地攻击兼顾的双重任务。

灰色机身

F-22 的机身采用复合材料,整个机身都是灰色,这是一种隐身涂料,可以减小雷达反射的面积。此外,F-22 的机身下面看不见任何外挂武器,武器都装在机身里,使用时才打开武器舱门。

机身大量采用复合材料,整个机身都是灰色的,这是一种隐身涂料,这样做的目的是为了减少雷达反射截面积。

F-22 是目前世界最强的战机,也是当代造价最昂贵的战斗机种之一。

性能良好

F-22 的各项指标性能都优于 F-15 战斗机,这些性能指标上的优势使 F-22 具有更强的空中格斗能力。此外,F-22 的短距起降能力极佳,能在 500 米长的跑道上起降。

FB-22

正当舆论惊叹第四代战斗机即将称霸 21 世纪的天空时，美空军又传出消息：由 F-22 改装的战斗轰炸机 FB-22 也即将问世。FB-22 是一种中型战斗轰炸机，继承了 F-22 在飞行高度和速度上的优势。

脚踏两只船

为了研制新一代的战斗机，美国的做法从来都是"脚踏两只船"，以洛克希德·马丁公司为首的几家公司负责研制 F-22；以诺斯罗普公司为首的另外几家公司负责研制 F-23。最终，F-22 凭借优良的性能在竞争中胜出。

知 识 小 笔 记

2011 年 12 月 13 日，最后一架 F-22 下线以后，F-22 "猛禽"战机的生产线被关闭。

F-22 出厂价格估计每架为 7200 万美元，是目前世界上最昂贵的战斗机。

"侧卫"——苏-27战斗机

苏-27重型战斗机是近十年来最著名的战斗机,无论是在航展上展示优异性能,还是在实战中与对手一决高下,它都独领风骚。苏-27的诸多改进型,如苏-30、苏-34、苏-35、苏-37,都曾引起世界的轰动。

🐎 模拟对抗

美国于1995年派出两架F-15飞机飞往莫斯科郊区库宾卡空军基地与俄空军苏-27进行技(战)术对抗,结果苏-27以2:0获胜。这是目前两型机唯一的一次模拟对抗,在实战中,两型机从未交战过。

▼挂载电视制导炸弹的苏-27SK。

🦁 出色的火控系统

苏-27战斗机的火控系统使得飞行员在运用各种武器,尤其是近距格斗导弹方面得心应手。它的近距格斗能力超过了西方第三代战斗机,可与第四代战斗机F-22相媲美。

"眼镜蛇机动"

"眼镜蛇机动"是由前苏联试飞员普加乔夫驾驶苏-27首创的。在做这一动作时，飞机的姿态很像眼镜蛇，所以，人称它为"眼镜蛇机动"，也有人称其为"普加乔夫机动。"

➤苏-27装置有苏联第一个实际应用的线传飞行控制系统，这是由苏霍伊飞机设计局 Sukhoi T-4 麦炸机计划经验所发展而来的。

空中格斗

1987年，一架挪威的 P-3B 巡逻机沿着距离前苏联海岸线 90 千米的航线自西向东飞行，苏军防空部队的一架苏-27 战斗机升空进行监视。苏-27 飞行员在警告无效的情况下，发起了进攻。P-3B 的一台发动机很快停止了工作，只得拖着"病体"打道回府。

➤苏-27战斗机

知 识 小 笔 记

由于具有良好的设计和较大的改进余地，苏27战斗机已经向一机多用方向发展，在原来的基础上发展成了苏27系列飞机。

"幻影"——2000 战斗机

"幻影"2000 是 20 世纪 80 年代研制的多用途战斗机,1984 年开始在法国空军服役。该机技术先进,是世界上为数不多的完全不"师承"苏美技术的战斗机之一。"幻影"2000 目前是世界上最好、分布最广泛的战斗机之一。

"幻影"Ⅲ

"幻影"战斗机有一个很大的家族,它的第一代成员"幻影"Ⅲ屡经战火的考验,中东战争和印巴战争的战场上,都出现过它的身影。在 1982 年的英阿马岛冲突中,"幻影"Ⅲ也披挂上阵。

多种改进型

"幻影"2000 有多种改进型,其中"幻影"2000 C 是单座防空截击型;"幻影"2000 N 是双座对地攻击型,可携带核导弹执行核攻击任务;"幻影"2000 D 是双座攻击型。

"幻影"2000C

知识小笔记

"幻影"2000 战斗机曾被世界很多国家购入,成为目前世界性能最好、使用最广泛的战机之一。

▲ 幻影2000主要用于截击和制空，也可执行对地攻击或战术侦察等任务。

🐃 "幻影" 2000—5

"幻影" 2000—5 是在 "幻影" Ⅲ 的基础上改进而成的战斗轰炸机。它采用了先进的雷达，能一边扫描一边进行跟踪，并可同时发射 4 枚空对空导弹攻击不同目标。

● 三角翼具有超音速阻力小、结构重量轻、刚性好、大迎角时的抖振小、机翼截荷低和内部空间大以及贮油多等优点。

▲ "幻影" Ⅲ大战米格—21

🐃 最新改进型

幻影2000家族的最新改进型是幻影2000—5型和幻影2000—9型，改进型包括采用先进的航空电子系统及由先进雷达和传感控制系统为核心的空对空、空对地攻击系统。

"同温层堡垒"——B-52 轰炸机

"同温层堡垒"是美国空军重型战略轰炸机,于 20 世纪 50 年代末开始服役,目前只有最新的 B-52H 型仍在服役,可以说是标准的"老兵"。但经美军方的改进和升级,计划中 B-52 将一直服役到 2030 年。

● 8 个大功率的喷气式发动机足以把这个庞然大物送上天空。

🐾 50 周年纪念

近几年,B-52 的主要用途是携带大量的巡航导弹,在远离敌方防线的空域进行火力圈外攻击,有效弥补了其机动性上的缺陷。2002 年是 B-52 服役 50 周年,波音公司和美国空军为它举行了隆重的纪念活动。

🐾 最后的武士

B-52H 是 B-52 家族目前最新、最后一个型号。飞机总重 221 360 千克,1960 年 7 月试飞,1961 年 3 月正式装备部队。

↑ B52 是目前美国战略轰炸机当中可以发射巡航导弹的唯一机种。

长途奔袭

海湾战争期间，B−52 机群从美国本土起飞，绕地球飞行近半周，共飞行 35 小时。它们将 35 枚导弹分别向伊拉克的 8 个重要目标飞去，包括发电厂、电力输送网、通信枢纽和预警中心。

知识·小·笔记

1964 年 1 月，一架 B52H 曾在飞掉了垂尾的情况下，安全降落到地面，机组无一伤亡。

"老兵"带来的震撼

海湾战争中，有 68 架 B−52G 投入对伊拉克部队的轰炸中，执行了 1 624 次任务，投下炸弹 2.57 万吨。B−52 所投炸弹的巨大爆炸声，给伊拉克军队以极大的震撼，大大削弱了伊军的士气和战斗力。

地毯式轰炸

越南战争中，B−52 的地毯式轰炸给越南军队和老百姓造成了巨大损失。B−52 出动架次占各种作战飞机总架次的 1/10，却投下近一半的炸弹量。

↑ 近几年 B−52 的主要用途是携带大量的巡航导弹，例如 AGM−86 和"战斧"，在远离敌方防线的空域进行火力圈外攻击，有效地弥补了 B−52 机动性上的缺陷。

"枪骑兵"——B-1B 轰炸机

"枪骑兵"是美国空军超音速重型隐形轰炸机,首架机于 1986 年投入服役,目前在役的数量约为 95 架。B-1B 在世界各种轰炸机中,最大有效载重量排名第一。

非凡表现

曾有一架 B-1B 在爱德华兹空军基地进行的 20 秒投弹轰炸中,一次投放了 3 种不同炸弹,分别击中 3 个目标,每个目标大约相距 3 000 米。其他飞机要进行 3 次轰炸,或者 3 架飞机协同攻击才能达到上述效果。

新闻焦点

B-1B 在 1995 年完成了一次震惊世界的壮举。它从美国本土出发,绕地球飞行一周,中间进行了 4 次常规轰炸,最后安全飞回美国本土。为此,B-1B 成了当时的新闻焦点。

● B-1B 的机翼为当今最流行的可变后掠翼。当它起飞和着陆时,两个机翼尽可能地向两旁展开,这样可以提高升力,减少滑跑距离;当它在几十米的超低空飞行时,两个机翼要稍稍地收紧一些,这样可以降低低空气流的影响,减轻飞机的颠簸;当它以超音速飞行时,两个机翼要尽可能地靠近,这样可以减少阻力,降低燃油消耗。

知识小笔记

B1B 的 4 台涡轮风扇喷气发动机安装在机翼下,进气口被机翼掩盖,减弱了雷达波的能量,起到了隐身作用。

变换的机翼

B-1B 的机翼是当今最流行的变后掠翼,当它起飞和着陆时,两个机翼尽可能向后掠,这样可以缩短滑跑距离;当它在几十米的超低空飞行时,两个机翼要微微张开些,这样则可以减轻飞机的颠簸。

B-1B "轻骑兵" 轰炸机

都是白天鹅惹的祸

1987 年 9 月 28 日,一架 B-1B 在科罗拉多州上空飞行,一只白天鹅撞在了它的 3 号发动机处,随着"轰隆"一声巨响,价值 1 亿多美元的 B-1B 就这样坠毁,3 名飞行员也随机丧生。

载弹冠军

载弹量是衡量轰炸机作战能力的一项重要指标。目前在各国空军服役的轰炸机之中,B-1B 轰炸机的载弹量超过美国的 B-a52 和前苏联的 Tu-160,是真正的载弹冠军。

2003 年的伊拉克战争中,B-1B 的表现突出。这样看来,性能不错的 B-1B 被用在作战的机会是很多的。

"幽灵"——B-2 轰炸机

"**幽**灵"B-2 是目前世界上最先进的战略轰炸机,也是唯一的大型隐身飞机,它的隐身性能可与小型的 F-117 隐身攻击机相媲美,而作战能力却与庞大的 B-1B 轰炸机类似。

B-2 飞机在空中不加油的情况下,作战航程可达 12 000 千米,空中加油一次则可达到 18 000 千米。每次执行任务的空中飞行时间一般不少于 10 小时,美国空军称其具有"全球到达"和"全球摧毁"能力。

位居最差武器榜首

《美国新闻与世界报道》周刊在 1989 年请 25 名专家进行最差武器评选。结果,B-2 被评为最差武器的第一名,原因是其优异的性能不能与其昂贵的价格成比例。

▲ B-2"幽灵"与两架 F-117 在空中飞行

▲ 一架飞行中的 B2 轰炸机

并非十全十美

世界上没有十全十美的事物，B-2 也不例外。由于 B-2 侧重于追求隐身效果，就必然导致它的其他性能有些不足。比如，它没有安装垂直尾翼，飞行起来很难操纵。

知识小笔记

B2 外形光滑圆顺，不易反射雷达波。它的驾驶舱呈圆弧状，照射到这里的雷达波会绕舱体外"爬行"，而不会被反射回去。

"全球到达"和"全球摧毁"

B-2 飞机在空中不加油的情况下，作战航程可达 12 000 千米，空中加油一次则可达到 18 000 千米。它每次执行任务的空中飞行时间一般不少于 10 小时，美国空军称其具有"全球到达"和"全球摧毁"的能力。

若以重量计，B2 的重量单位价格比黄金还要贵两至三倍（最初装备时）。

创纪录的昂贵价格

据报道，美国国会批准购买的 20 架 B-2 单架价格已达到 10.2 亿美元，如果加上研制费用，每架则高达 22.2 亿美元。这比很多第三世界国家一年的军费总额还要高，创造了航空史上的纪录。

保密级别高

B-2 的研制是保密程度非常高的军事科研工程。1982 年 4 月，诺斯罗普公司购置了洛杉矶郊区的一座闲置厂房，将其改装成保密工厂，保安人员 24 小时进行监控。

"海盗旗"——Tu-160 轰炸机

"海盗旗"是前苏联最后一代、俄罗斯最新一代远程战略轰炸机。它于20世纪70年代初开始设计，1981年12月首次试飞，1985年服役，具有速度快、航程远、载弹量大等优点。

强大的武器系统

Tu-160 的弹舱内可载自由落体武器、短距攻击导弹或巡航导弹等，机上有两个 12.8 米长的武器舱，武器舱内的旋转发射架可各带 6 枚巡航导弹。

◀ Tu-160 轰炸机

抵偿债务

前苏联时期，大多数 Tu-160 布置在乌克兰境内。前苏联解体后，乌克兰把放在其境内的 8 架 Tu-160 战略轰炸机及相关地面设施，还有 575 枚巡航导弹交给俄罗斯，用来抵偿欠俄罗斯的债务。

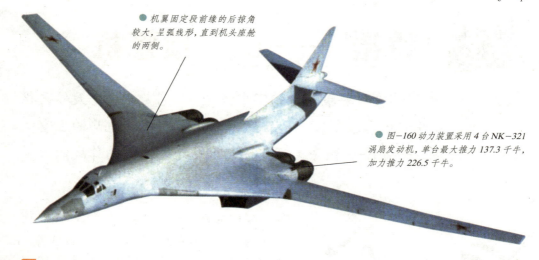

● 机翼固定段前缘的后掠角较大,呈弧线形,直到机头座舱的两侧。

● 图-160动力装置采用4台NK-321涡扇发动机,单台最大推力137.3千牛,加力推力226.5千牛。

🐎 红色 B-1

"海盗旗"在结构上与同时期的美国 B-1 轰炸机非常相似,因此被称为红色 B-1。"海盗旗"比 B-1 大且重,作战方式与 B-1 类似,但是战斗力并不占优势,电子技术和隐身技术远比 B-1 差。

🐎 图波列夫设计局

熟悉苏制飞机的人对图波列夫这个名字一定不陌生,因为图波列夫设计局与米高扬设计局、苏霍伊设计局一样,也是享誉世界的著名的设计局。它的专长是设计大型轰炸机和客机。

☆ 图-160 的巨大发动机

知 识 小 · 笔 记

由于装备了大量的电子设备,Tu160 轰炸机的机体过于偏重,并占用机内空间较大,因此在作战时需要战斗机护航支援。

"望楼"——E-3 预警机

"**望** 楼"是当今世界最先进的空中预警机。它是一种全天候远程空中预警和控制飞机,有下视能力,能在各种地形的上空执行预警任务。一架 E-3 预警机可抵得上 2~3 个雷达团的作战能力。

E-3 家族成员

E-3 的主要型号有 E-3A、B、C、D 四种。E-3A 是美军的首批生产型,机舱内可载乘员 17 名。E-3B 是美军用最早两架 E-3 改进发展的,提高了目标处理能力和探测舰艇能力。E-3C 和 E-3D 是给北大西洋公约组织及英国空军的型号,基本与 E-3B 相同。

◄ "望楼"不仅速度快得多,航程也非常远,最大续航时间达 11.5 小时。

厉害的"眼睛"

E-3 的雷达监视范围达 50 万平方千米,比美国第二大州加利福尼亚州的总面积还要大很多。"望楼"身上装的雷达每 10 秒钟就能把它监视的范围扫描一遍,可以同时发现、跟踪 600 个目标。

"空中指挥部"

"望楼"就像一个"空中指挥部"，不仅可以指挥几百架飞机进行空战，还能监视地面坦克、战车的调动以及地面雷达、导弹的部署情况，使指挥员可以获得一切可能威胁到自己军队的信息。

◀ E-3 预警机背上的雷达罩是 E-3 在外观上与其他飞机相比最特别的地方。

特别之处

E-3 机背上的雷达天线罩是它在外观上与其他飞机相比最特别的地方。这个雷达罩内部安装有雷达天线系统，这一雷达系统可以使 E-3 具有对大气层、地面、水面的雷达监视能力。

知识小笔记

E-3 的雷达监视范围达 50 万平方千米，比美国第二大州加利福尼亚州的总面积还要大很多。

"大力神"——C-130 运输机

军用运输机是执行战略、战役和战术作战的重要工具。C-130"大力神"是美国研制的中型运输机,它是美国最成功、最长寿、生产数量最多的现役运输机,在美国战术空运力量中占核心地位。

设计合理

C-130 自 1955 年开始生产以来不断改进,以满足不同的要求,但它的基本设计非常合理,所以现在的生产型飞机与原型机外型几乎没有差别。C-130 能在简易的机场起降,以涡轮螺旋桨发动机为动力。

● 4 台艾利逊公司的 T56-A-15 涡桨发动机。单台功率 3 355 千瓦。

● C-130 的主起落架收起时处在机身左右两侧旁突起的流线型舱室内。它不占用宝贵的主机身空间。

● 高单翼也是 C-130 的一大特点,既可留出足够离地距离给螺旋桨,又使得机身能贴近地面。战后大量运输机采用了高单翼布局。

冷战的产物

C-130 诞生在"柏林封锁事件"发生后。第二次世界大战刚结束,由于前苏联和盟国间矛盾逐渐激化,前苏联封锁了所有通往西柏林的陆上道路。盟国立即展开从空中向西柏林运送救援物资的行动,促进了运输机的发展。

▲机舱可运载92名士兵或64名伞兵或74名担架伤员，以及加油车、155毫米口径重炮及牵引车等重型设备。

扬名世界

　　C-130参加过很多局部战争，被认为是一种设计十分成功、非常实用的中型战术运输机。50多年来，C-130共生产了近2 100多架，其中1/3以上用于出口，是世界著名的军用运输机。

▲ C-130E

"大力神"夜袭恩德培

　　1976年7月，一架从特拉维夫飞往巴黎的法航航班被武装分子劫持，为了解救人质，以色列派近200名特种部队队员乘4架 C-130军用运输机，装载着备用武器偷袭恩德培机场，当场打死、打伤武装分子100多人，救出全部人质。

知识小笔记

　　C-130 运输机自 1955年开始生产以来不断改进，以满足不同的要求，但它的基本设计非常合理，所以现在的生产型飞机与原型机外形几乎没有差别。

"同温层油船"——KC-135 空中加油机

可以为美国空军、海军、海军陆战队的各型战机进行空中加油的 KC-135,是在 C-135 军用运输机的基础上改进而成的一种大型空中加油机。它于 1956 年 8 月首次试飞,1957 年正式装备部队,代号"同温层油船"。

知识小笔记

KC-135 空中加油机的最初设计主要是为美国空军的远程战略轰炸机进行空中加油,后来发展为可为美国空军、海军、海军陆战队的各型战机进行空中加油。

改进型

为延长服役期限,提高战斗技术性能,美国空军改装了 300 余架 KC-135 空中加油机。KC-135 的改进型为 KC-135E 与 KC-135R。第一架改装的 KC-135 空中加油机于 1982 年试飞。

KC-135 同时给两架飞机加油

KC-135 加油机是波音公司在波音 707 原型机的基础上发展起来的，它所装的燃油都是 JP-4 型燃油，它可以给各种性能不同的飞机加油。

航空史上的奇观

1967 年 5 月 31 日，一架 KC-135 正在空中为两架战斗机加油。突然，两架执行任务的 A-3 型加油机从远处飞来，请求 KC-135 为它们加油。于是，航空史上的奇观出现了：KC-135 加油机的油管接着两架 A-3 加油机，A-3 加油机的油管上又连接着两架歼击机，五架飞机以相同的航向、航速和高度像个整体一样前移。

KC-135R 空中加油机

C-10"补充者"空中加油机

KC-10 是 1977 年由 DC-10 运输机改装而成的空中加油机，加油能力优于 KC-135，可以同时给 3 架飞机实施空中加油。它的最大时速 980 千米，航程 7 030 米，供油量 88 吨，全重 160 吨。

工作表现出色

KC-135 不仅可以为各种性能不同的飞机加油，而且还可以同时给几架战斗机加油。当它仅用一个油箱加油时，每分钟可以加油 1 820 升。前后油箱同时使用时，每分钟可以加油 3 640 升。

KC-135 的加油控制舱

舰　艇

　　舰艇是海军的主要装备，用于在海上进行战斗活动或勤务保障，广义上也包括其他军用船艇，它们是各国海军的骄傲。现代舰艇按排水量、火力和用途可以分为：航空母舰、驱逐舰、护卫舰、巡洋舰、核潜艇等几种类型。

封笔之作——"小鹰"级航空母舰

"**小**鹰"级是继"福莱斯特"级之后，美国建造的最后一级，也是最大一级常规动力航空母舰。共建造了4艘，包括"小鹰"号、"星座"号、"美国"号、"肯尼迪"号。

🐃 整体结构

　　"小鹰"级航母从底部起1~4层是燃料仓、淡水仓、武器弹药仓和轮机仓，5~6层是舰员居住仓、食品库、餐厅和行政办公室，7~8层是舰载机维修间、维修人员的居住仓，9~10层是机库、战斗值班室和飞行员餐厅。

🐃 要求严格

　　美海军对航空母舰舰长和副舰长的要求非常严格，只有在舰上驾机起降过800~1 200次、有4 000~6 000小时飞行的记录，并担任过某些职务才有资格担任此项职位。

▲ F/A18C "大黄蜂" 战斗机。

🐂 "小鹰"号

100 多年前，莱特兄弟实现了人类历史上第一次成功飞行，他们所设计的飞机 "小鹰"号也成为人类发明的第一架飞机。"小鹰"号航空母舰就是用莱特兄弟的飞机命名的。

知识小笔记

随着时间的流逝，美国人对"小鹰"号钟爱有加。人类第一次登月时，宇航员阿姆斯特朗乘坐的月球车也被命名为"小鹰"号，它实现了人类的第一次登月梦想。

🦌 北部湾事件

美国在 1964 年以驱逐舰在越南北部湾公海遭到越南鱼雷艇的攻击为借口，出动 64 架战斗机袭击了越南的 4 个海军基地和 1 座油库。轰炸越南的战机正是从"小鹰"级航母"星座"号上起飞。

▲ "小鹰"级 "小鹰"号航空母舰

巨无霸——"尼米兹"级航空母舰

虽 然"尼米兹"级航空母舰是美国海军的第二代核动力航空母舰，但其吨位最大、现代化程度最高、耗资最多，堪称水面舰艇之最。它超凡的作战能力令对手望尘莫及，是很多国家梦寐以求的舰艇。

称霸工具

"尼米兹"级航母的主要任务是远洋作战、夺取制空和制海权、攻击敌方海上或陆上目标、支援登陆作战及反潜等任务。自问世以来，它一直是美国在全球称霸的工具。

海上巨无霸

你能想像得出"尼米兹"级航母有多大吗？它的甲板面积比3个足球场还大，舰体高70多米，相当于20余层大厦的高度，是真正的"海上巨无霸"。

一架F/A18C战斗机从"里根"号航空母舰上起飞。

"尼米兹"号航空母舰是一艘隶属于美国海军的核动力航空母舰，也是一系列尼米兹级核动力航空母舰的第一艘。

海军名将——尼米兹

尼米兹出生于美国德克萨斯州，曾是美国海军太平洋舰队司令、海军作战部部长、五星上将。为了表彰和纪念这位海军名将，美国政府将特大型核动力航空母舰命名为"尼米兹"号，并把10月5日定为"尼米兹日"。

> "尼米兹"级航空母舰是目前世界上排水量最大、载机最多、现代化程度最高的一级航空母舰。

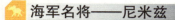

知识小笔记

"尼米兹"级航空母舰有7种不同用途的舰载飞机，可以对敌方目标发动攻击，也可以支援陆地作战，还可以实施海上封锁。

钢铁巨兽

为了防御攻击，"尼米兹"号航母的舰体和甲板用高强度、高韧性的钢板建造，最厚部位的钢板达63.5毫米。舰内设有23道水密横舱壁和10道防火隔壁，消防防护措施完备。

生命力极强

"尼米兹"级航空母舰的船体结构和布置是航母的典型形式。箱形的船体结构能承受很大的载荷，并可吸收中弹时的爆破能量；船体内"X"形的支撑构件起着吸收、传递和扩散冲击能量的作用。

> "尼米兹"号航空母舰是最大的航空母舰，甲板的大小足足有三个足球场那么大。

法国特色——"戴高乐"级航空母舰

"**戴**高乐"级航空母舰是法国设计制造的第一种核动力航母,1999年开始服役。它的综合能力仅次于美国的"尼米兹"级航母,法国人认为它是法国海军在20世纪最伟大的成就。

知·识·小·笔·记

　　"戴高乐"级航母在设计时使用计算机模拟获得了最佳线型,同时采取了提高生存力的措施,舰体的关键部位均装有装甲防护。

既美观又实用

　　"戴高乐"级航母算得上是世界上最漂亮、最具现代气息的航母。它的舰体光洁流畅,继承了法国军舰一贯浪漫的艺术特质。"戴高乐"级航母不仅外观好看,而且隐身措施也处理得很好。

偷懒的设计

　　"戴高乐"级航母的动力装置与其他核动力航母不同,没有专门研制核反应堆,直接安装了其他导弹核潜艇的反应堆。尽管这种偷懒的设计使它的航速比较慢,但却大大节省了设计的时间和费用。

↳ "戴高乐"级航空母舰

🦁 问世背景

　　自从 20 世纪 60 年代 2 艘 "克莱蒙梭" 级服役之后，法国再无航母服役。至 70 年代，这 2 艘航母后续舰的问题提上了议事日程。经过激烈讨论，法国军方 1980 年 9 月制定了建造 2 艘 "戴高乐" 级核动力航母的计划。

👆 "戴高乐" 级航空母舰
庞大的身躯

🦁 造价高昂

　　法国原计划建造 2 艘 "戴高乐" 级航母，并于 1996 年服役，但迄今只有 "戴高乐" 号 1 艘入役，第 2 艘何时开工还没有确定。这主要是因为 "戴高乐" 级航母的造价高昂，对法国来说是个沉重的负担。

当代先进——"提康德罗加"级巡洋舰

巡 洋舰是目前仅次于航空母舰的大型水面舰艇。"提康德罗加"级是美国海军现役数量最多的巡洋舰,共27艘,被誉为"当代最先进的巡洋舰",它具有划时代的战斗力和生命力。

建造数量之最

"提康德罗加"级的首舰"提康德罗加"号于1983年1月正式服役,至1994年7月最后一艘"皇家港"号入役为止,该级27艘的建造计划全部完成。"提康德罗加"级成为世界海军史上建造数量最多的一级巡洋舰。

无敌盾牌

"宙斯盾"作战系统是"提康德罗加"级巡洋舰的无敌盾牌。这一先进系统可在开机后18秒内对400个目标进行搜索,跟踪其中的100个目标,并能指挥12~16枚导弹攻击对方。

↑"宙斯盾"系统主屏幕

↑"提康德罗加"级巡洋舰

↱"提康德罗加"级巡洋舰上的
相控阵雷达

相控阵雷达

相控阵雷达是"宙斯盾"系统的"眼睛"。它与传统雷达不同，不需要机械转动，而是由 4 块平面天线阵组成。即使其中一个天线阵面瘫痪，搜索区也只是减少 1/4，整个雷达系统仍可继续工作。

无心之过

"提康德罗加"级巡洋舰服役 25 年来，充当了两次"客机杀手"。1988 年，"提康德罗加"级巡洋舰"斯文森"号因为雷达判断失误，将一架伊朗民航客机当作战斗机击落。2000 年，该级的"诺曼底"号巡洋舰又将一架埃及民航客机击落。

知识小笔记

"宙斯盾"系统不是单独型号的作战系统，它已经形成了一个作战系统系列。迄今为止，"宙斯盾"系统系列已包括 7 种型号。

↱"提康德罗加"级巡洋舰俯视图

家族之最——"基洛夫"级巡洋舰

前 苏联为了与美国海军全面抗衡,履行远洋作战使命,于20世纪80年代初建造了"基洛夫"级巡洋舰。它创造了巡洋舰家族的三个世界之最:吨位最大、携弹量最多、最先采用导弹垂直发射装置。

经典之作

"基洛夫"级的武器系统集中体现了前苏联海军当时最现代化的技术,部分已被世界各国海军广泛借鉴。它被视为世界海军舰艇发展史上的经典之作。

"基洛夫"级巡洋舰是俄罗斯与全世界仅次于航空母舰的最大型军舰,也是目前全球唯一使用核动力的现役巡洋舰。

知识小笔记

"基洛夫"级巡洋舰舰体呈细长形,舰首稍尖,略往上翘。全舰结构是封闭型,舰尾呈方形,较为宽广。

海上武器库

"基洛夫"级承担着多重战斗任务，因此，它携带了 500 多枚各种类型的导弹，是美国 "提康德罗加"级巡洋舰携弹量的 4 倍多。此外，它的飞行甲板下方还有机库，可携带 3 架反潜直升机。

"基洛夫"级伏龙芝号

导弹直发射

"基洛夫"号巡洋舰采用了最先进的导弹垂直发射技术。将导弹事先放在发射管内，打开舱盖后马上就可以发射，甚至可以数枚或数十枚齐发。这种新发射技术不仅提高了战斗力，而且可以节省舰体空间，提高携弹量。

充分施展威力

"基洛夫"号巡洋舰一般扮演航母"保镖"的角色，它很少与其他的编队一起行动，主要是因为它的导弹攻击力非常强大，周围的舰艇数量太多会影响它的火力发挥。

两座 CADS-N-1 近迫防卫炮发射装置

两门枚 SA-N-4 防空导弹(SAM)发射装置

20 枚 SS-N-19 巡航导弹

12 座 SA-N-6 防空导弹(SAM)

2 个 SA-N-9 防空导弹(SAM)垂直发射架

"基洛夫"级巡洋舰武器位置。

"多面手"——"阿利·伯克"级驱逐舰

"**阿**利·伯克"级导弹驱逐舰在世界海军中可谓声名显赫。它是世界上第一艘装备"宙斯盾"系统并全面采用隐形设计的驱逐舰,具有极强的全面作战能力,代表了美国海军驱逐舰的最高水平。

勇于创新

"阿利·伯克"级一改驱逐舰传统的瘦长舰型,采用了一种少见的宽短舰型。这种舰型具有很强的适航性、抗风浪稳定性和机动性,能在恶劣海况下保持高速航行,摇动幅度很小。

知识小笔记

水雷是海战中舰艇面临的巨大的威胁之一,"阿利·伯克"级驱逐舰装有先进的远程猎雷系统。它能够探测、区分并识别各种水雷,记录这些水雷的精确位置。

◄"阿利·伯克"级驱逐舰是至今世界上顶尖的驱逐舰,其重量和火力超过许多巡洋舰。

庞大的家族

　　"阿利·伯克"级导弹驱逐舰是个兴旺的大家族，不仅建造数量多，型号也多，它们具有相同的舰体和动力装置，在武器装备的改进和高新技术的应用方面有些差异。

▶32毫米水面舰艇鱼雷发射。

海上作战"多面手"

　　"阿利·伯克"级是名副其实的海上作战"多面手"。无论是在远洋还是近海，它都能为航母战斗群和其他舰艇编队护航，为特遣部队与友军的联合作战提供远程保护。

◤MK-45型127毫米单管舰炮。

名字的由来

　　"阿利·伯克"级驱逐舰是以美国海军上将阿利·伯克的名字来命名。阿利·伯克是美国历史上最著名的驱逐舰中队战斗指挥官，于1955至1961年连任三届美国海军作战部长。

★舰体全部采用钢结构，重要舱室都敷设了"凯夫拉"装甲

静音之王——"公爵"级护卫舰

"公爵"级导弹护卫舰是英国海军最先进的护卫舰,也是世界上静音效果最好的护卫舰。它是英国海军20世纪90年代末至21世纪初的主要水面作战舰艇,承担了英国海军的大部分外交和战斗任务。

力求隐身

"公爵"级护卫舰是世界上最早采用舰体隐身设计的护卫舰。为减小雷达波反射面积,它的舰体和上层建筑都有一定的倾斜。此外,还大量使用了雷达吸波材料。

● 114毫米"维克斯"舰炮

加强防空能力

为加强"公爵"级护卫舰的防空能力,该舰装备了威力强大的"海狼"防空导弹系统,并改装为具有32个发射单元的垂直发射装置,可以迅速攻击从任何方向袭来的目标。该舰是西方第一种装有垂直发射装置的军舰。

● 该舰粗短的舰身更适合大西洋的恶劣的海况

☆"公爵"级"铁公爵"号(F234)护卫舰

F234

尽职尽责

如果要出色地完成反潜战斗任务，达到最佳的攻击效果，就必须降低所有机械部分产生的噪音。为此，"公爵"级护卫舰实施了很多降低噪音的措施，如快速运动时柴油机和燃气机一起使用等。

"公爵"级"里士满"号（F239）护卫舰正在发射导弹。

知识小笔记

1982 年的马岛战争后，英国海军对"公爵"级护卫舰的设计方案进行了修改，包括加装了近程防空导弹和大口径舰炮，设有机库等。

生存第一

"公爵"级护卫舰的设计者充分吸取了其他驱逐舰的失败教训，宁可增加投入，也要提高舰艇的生存能力。因此它全部采用耐高温钢结构材料，加强了指挥室、弹药库等重要区域的防弹能力。

"大众路线"——"佩里"级护卫舰

护卫舰是以火炮、导弹和反潜武器为主要装备的中型或轻型军舰。"佩里"级护卫舰是美国海军中性能适中的导弹护卫舰,具有多种战术用途,可以承担防空、反潜、护航和打击水面目标等任务。

✦ "佩里"级首舰——"奥利弗哈泽德佩里"号护卫舰

各有所长

"佩里"级是世界最先进的导弹护卫舰之一,虽然它的性能不如某些高性能舰艇,但因其价格适中而获得大批量的建造。

防不胜防

"佩里"级"斯塔克"号导弹护卫舰在波斯湾执行一次油轮护航任务中,被伊拉克战机发射的两枚导弹命中,舰体受到严重损坏,造成37人死亡。令人不可思议的是,伊导弹的攻击竟是在美军的监视下发生的。

居住舒适

　　"佩里"级舰的上层建筑比较庞大，形成一个封闭的整体，这样能为舰员和设备提供更多的空间。该级舰配备的生活设施良好，每名舰员平均可以享受到 19.6 平方米的生活空间。

维修方便

　　"佩里"级舰在设计中充分考虑到了舰体维修的问题，尽量减少舰上维修工作量。对于需要修理的设备采取舰外供应、整机更换、舰外修理等方式，尽量把舰上的设备集中成一组。

"佩里"级"柯茨"号护卫舰（FFG38）

"佩里"级舰上的动力装置采用燃气动力装置。

知识小笔记

　　"佩里"级护卫舰上的动力装置采用全燃动力装置。这种装置具有重量轻、体积小、噪音低、操纵性好等特点，而且低速性和可靠性颇佳。

金牌之师——"洛杉矶"级核潜艇

"**洛**杉矶"级是美国海军第五代攻击核潜艇,共建 62 艘,是当今美国海军潜艇部队的主要力量,也是世界上建造最多的一级核潜艇。它作为一种多功能、多用途的潜艇,可以执行的任务也是多元化的。

努力的结果

自从 1955 年美国海军拥有第一艘核潜艇以来,就一直想方设法要在核潜艇质量上超过前苏联海军。在这种思想的指导下,美国海军在 20 世纪 70 年代开始建造"洛杉矶"级核动力攻击潜艇。

知识小笔记

"战斧"巡航导弹的出现给"洛杉矶"级带来了机遇,它毫不费力地就在艇身上加装了 12 个垂直导弹发射筒。

"洛杉矶"级核潜艇

任务多元化

"洛杉矶"级不仅可以反潜、反舰、为航空母舰特混舰队护航、巡逻和对陆上目标进行袭击，而且还可以执行潜艇的常规任务，如破雷、布雷，等等。

舰首垂直发射装置

冤家相聚

我国有句俗语：不是冤家不聚头。1992年2月，美国海军一艘"洛杉矶"级与一艘俄罗斯的S级潜艇在巴伦支海相撞，都受到轻微损伤。这次碰撞只不过是近年来美俄核潜艇多次水下碰撞中比较引人注目的一次。

安静与高速之争

"洛杉矶"级核动力攻击潜艇设计之初，正是美国海军进行潜艇"高速型"和"安静型"争论之时。于是，研制者将两种设计思想分别体现在两级潜艇上。经过试验，美国海军采用了高速型的"洛杉矶"级。

潜艇之王——"俄亥俄"级核潜艇

"**俄**亥俄"级战略核潜艇是美国的第四代弹道导弹核潜艇,具有隐蔽性好、生存能力强和攻击威力大等特点。它是迄今各国海军中最先进的战略核潜艇,被称为"当代潜艇之王"。

距离不是问题

"俄亥俄"级战略核潜艇能连续在水下航行几个月不用上浮,它既可以悄悄地接近敌方的领海或近海海域,也可以在较远的海域进行巡逻。

养精蓄锐

"俄亥俄"级的出航时间一般是 70 天,之后它只需返回基地保养 25 天便可再次出航。每一艘潜艇都有蓝组和金组两组船员,他们轮流当值,当一组出海巡航时,另一组便在陆上享受假期并为下一次出海作准备。

● "三叉戟"导弹

知识小笔记

虽然苏联的"台风"级潜艇较"俄亥俄"级核潜艇大了许多,不过其导弹携带量反而比"俄亥俄"级核潜艇少了 4 枚。

● 导弹发射舱

精简转型

前苏联于 1991 年解体后，美国开始大幅度削减其战略核力量。"俄亥俄"级核潜艇不仅过于庞大且需要花费高额费用，于是 4 艘"俄亥俄"级核潜艇被削减改装为能发射 154 枚"战斧"导弹的巡航导弹核潜艇。

→正在船坞中修理的"俄亥俄"级潜艇。

↓"俄亥俄"级战略核潜艇模拟图

巅峰之作

"俄亥俄"级是世界上单艘装载弹道导弹数量最多的核潜艇。它可以携带 24 枚三叉戟 I 型或三叉戟 II 型导弹，射程达 1.1 万千米，其威力足以摧毁一座大城市。

↑"俄亥俄"级核潜艇

冰下霸王——"海狼"级核潜艇

"海狼"级核潜艇是 20 世纪 70 年代末美国为对抗前苏联的低噪声核潜艇而研制，具有航速快、噪声小、隐蔽性好、武器装备精良等优点，它也是世界上装备武器最多的一级多用途攻击型核潜艇。

重要使命

"海狼"级的主要使命是反潜、反舰，为美国海上水面舰艇编队和弹道导弹核潜艇护航，向局部战争地区运送特种部队，攻击陆上的各种目标。

知·识·小·笔·记

与"洛杉矶"级核潜艇相比，"海狼"级核潜艇的长宽比例下降到 7.7：1，大大提高了航速和机动性。

完美潜艇

已服役的"海狼"级潜艇在试航中的出色表现超出了美国海军的预料。它的安静性和攻击能力比现役美军主力攻击潜艇"洛杉矶"级有飞跃性提高，因此，被称为"迄今世界上最完美的潜艇"。

冰下霸王

"海狼"级的结构非常适于冰下航行。它采用水滴形艇体，阻力较小，有利于提高航速。此外，"海狼"级还配有先进的电子设备，水下探测能力很强。

→通过潜望镜拍摄到的北极熊啃尾舵的有趣场面。

世界上最昂贵的潜艇

"海狼"级核动力攻击潜艇是世界上最昂贵的潜艇。1991 年美国计划用 336 亿美元建造 12 艘，平均每艘 28 亿美元，但后来因价格昂贵，美国国会决定终止该计划，最终只批准建造 3 艘。

◄潜望镜是潜艇上非常重要的观测设备。

→"海狼"级核潜艇

新秀——"弗吉尼亚"级核潜艇

"弗吉尼亚"级核潜艇是美军研制的新一代潜艇，具有强大的反潜、反舰、远程侦察、执行特种作战能力。它与在深海大洋等待与敌方战舰决斗的"前辈"们相比，近海作战能力尤其突出。

"洛杉矶"级的替代者

"弗吉尼亚"级体现出了21世纪潜艇作战的新特点，具有用途广、隐形性好、作战能力强等优点，用来替换"洛杉矶"级攻击型核潜艇，成为目前美国海军近海作战的主要力量。

知识小笔记

在"弗吉尼亚"号正式服役的庆典仪式上，美国前总统约翰逊的女儿宣布："艇员各就各位，让她（潜艇）活起来吧。"

新的作战任务

"弗吉尼亚"级核潜艇的作战任务与以往的快速攻击型核潜艇有明显不同，它更加注重打击近海的敌对目标，主要是在海岸与大陆架外缘之间的区域活动。它还装备了电子探测装置和发射巡航导弹的攻击系统。

最安静的潜艇

"弗吉尼亚"级潜艇不但拥有世界最先进的声呐系统，而且光纤传感器能将周边环境图像传送到指挥舱的电脑屏幕上。此外，它的噪音仅为当今潜艇标准的 1/10，据称是"世界上最安静的潜艇"。

潜艇中的潜艇

"弗吉尼亚"级潜艇内的特种作战舱还可容纳一艘供特种部队使用的微型潜艇。在近海登陆作战中，小潜艇可以载着特种队员登陆作战。

值得纪念的日子

2004 年 10 月 23 日，对于"弗吉尼亚"级和诺福克港来说是个值得永远纪念的日子。因为那天首艘最新型攻击核潜艇"弗吉尼亚"号正式服役，庆典仪式就在诺福克港举行。

首次公开展示的"弗吉尼亚"号潜艇。

威力无比的